巨大ウイルスと第４のドメイン

生命進化論のパラダイムシフト

武村政春　著

ブルーバックス

カバー装幀／芦澤泰偉・児崎雅淑
本文デザイン／齋藤ひさの
本文イラスト／永美ハルオ
本文図版／さくら工芸社
カバー写真／ Chantal Abergel IGS,CNRS-AMU

はじめに

二〇一三年七月、「超」がつくほど巨大なウイルスに関する第一報が、科学誌『サイエンス』に掲載され、そのニュースが世界中を駆け巡った。帰省中だった筆者は、翌日東京駅に着いたその足で、神楽坂の研究室に直行し、さっそく『サイエンス』誌に掲載された実際の論文を目にしたのであった。

発見当初は「新しい生命の形（NLF：New Life Form）」というニックネームが与えられていたというこの巨大ウイルス。論文では、「パンドラウイルス」という名がつけられていた。そしてそのウイルスは、その論文が掲載されている『サイエンス』誌のカバー写真を、堂々と占拠していたのである。

パンドラウイルス。

むろん、その名の由来はギリシャ神話の「パンドラ」である。

パンドラは、ギリシャ神話における人類最初の女性であるとされる。大神ゼウスの命令によって作られ、人間とともに暮らしていた神エピメテウスに妻として与えられたが、あるとき退屈のあまり、決して開けてはならないとゼウスから言い含められ渡されていた「箱」を開けてしまった。その中には、人間社会にさまざまな争いごとを生みだすもとである「嫉妬」、「殺意」、「恨み」などの災厄が封じ込められていて、パンドラがそれを開けたとたん、こうした災厄が人間社会に放たれてしまった。

この神話が転じて、誰もしなかったことやタブーとなっていたことを最初にやろうとすることを「パンドラの箱を開ける」と言うようになった。

当初、このウイルスが「新しい生命の形」と名付けられたのには相応の理由があった。その姿が、あまりにもそれまでのウイルスとは大きく異なっていたからだ。

ウイルスとしてあまりにも異様なその姿に、研究者たちが驚いた姿は想像に難くない。大自然が大海原の奥深くにしまいこんでいたものを、私たちはついに見つけてしまった……、そんな思いが研究者の脳裏をよぎったのかもしれない。まさに禁断の箱を開けてしまったパンドラのように。

その姿は、全くウイルスらしくなく、かといって、これを生物とみなすにはあまりにもウイルス的であった。

ウイルスでもない。生物でもない。

だとしたら、これまでに全く知られていない新たな生命の形なのではないか。

4

いまのところ、パンドラウイルスは「ウイルス」に分類されているが、はたしてそれでほんとうによいのだろうか？　パンドラウイルスは、ほんとうに「ウイルス」なのだろうか？　いやそもそも、「生物」とはいったい何なのだろうか？

現在、生物の世界は三つのグループ（ドメイン）に分けられることになっているが、ウイルスはそれにあてはまらない。しかしもしかしたら、新たな「第4のドメイン」が付け加わることになるかもしれない。そんな議論が、巻き起ころうとしているのである。

いったい、私たちは、どんな「箱」を開けてしまったのか。

それは、パンドラが開け、この世界にもたらしたさまざまな悪しきものたちのように、私たち生物に何かとてつもなく悪いことをもたらすのか、はたまた、生物学に新たな、しかしとんでもなく画期的で魅力あふれる一ページをもたらすのか。

いまはまだ、誰にもわからない。

本書は、そんなウイルスたちと、彼らにまつわる生物たちの話である。

二〇一五年一月

武村政春

『巨大ウイルスと第4のドメイン』目次

はじめに…3

第1章 超巨大ウイルスの発見 13

1-1 ミミウイルスの発見…14

ブラッドフォード球菌…14
rRNA遺伝子がない？…16
その「細菌」の形と特徴…18
ミミウイルスというネーミング…20
ミミウイルスの特徴…21

1-2 そもそもウイルスとは何か…23

ろ過性病原体…23
ウイルスの「行動」…24
ウイルスに備わっているもの…27
セントラルドグマ…30
ウイルスに備わっていないもの…33

1-3 続々と発見される巨大ウイルス…35
ミミウイルスの巨大さ…35
ミミウイルスの「翻訳」用遺伝子…38
ウイルスに感染するウイルス…40
生物の進化に関わるヴァイロファージ…42
マルセイユウイルス…43
メガウイルス…45
1-4 パンドラウイルスとは何か…47
「新しい生命の形」現れる?…47
パンドラウイルスの構造…49
パンドラウイルスのゲノム…49
細胞の核を利用して複製する…51
1-5 眠りから覚めた超巨大ウイルス…54
三万年前の永久凍土の中で…54
神からパンドラへと手渡された「壺」…55
ピトウイルスの構造…57
ピトウイルスのゲノム…58
ピトウイルスの「行動」…60

第2章 第4のドメインとは何か

63

2-1 核細胞質性巨大DNAウイルス…64
新たな巨大ウイルスのグループ…64
巨大DNAウイルスの特徴とは?…66
四一個のコア遺伝子…68
脂質二重膜とカプシドとの関係…70

2-2 生物の分類とrRNA遺伝子…72
多様な生物の世界をどう分けるのか…72
見た目からDNAへ…75
五界説…78
分子時計としてのrRNA遺伝子…80

2-3 3ドメイン説…82
三つのドメイン…82
バクテリアとアーキアの共通点…85
アーキアと真核生物は〝兄弟〟か?…86
私たちもアーキアである…89
何をもって生物とみなすか…91

2-4 第4のドメインと新たな提案…93
ミミウイルスは極めて古い系統を示す…93
第4のドメインという考え方…94

生物の定義…96
コードする能力…98
REOsとCEOs〜新たな生物のくくり〜…99

2-5 迷走する議論 〜ウイルスは生きている？ 生きていない？〜…103
反論…103
再反論…106
「生物の基本単位＝細胞」は見直すべきか？…111

第3章 「生きている」とはどういうことか 113

3-1 生物とは何か、細胞とは何か…114
全ての生物は細胞からできている…114
「生物である」ことと「生きている」こと…116
自己複製…118
何を作り出せば「生物」といえるのか…120

3-2 ウイルスが先か、細胞が先か…121
ウイルスの起源…121
第一の仮説…122
第二の仮説…125
第三の仮説…128
「ウイルスが先」というシナリオ…130
巨大DNAウイルスと最初の細胞の誕生…132
DNAレプリコンと脂質二重膜…135

3-3 ウイルス工場とヴァイロセル……139

ウイルス工場……139
ポックスウイルスの場合……140
ミミウイルスの場合……142
ヴァイロセルという考え方……144

3-4 細胞核は生きている?……147

細胞核とは何か……147
移植できる細胞核……149
マイコプラズマとヴァイロセル……152
まるでウイルスに似ている……153

3-5 ミトコンドリアと葉緑体……155

細胞の中での共生……155
共生説……157
ミトコンドリアと葉緑体の進化……158
リケッチアならびにシアネルとミトコンドリアならびに葉緑体……160
漸進的な生命観……162

第4章 新しい初期生命進化論へ

167

4-1 細胞核と巨大DNAウイルスとの関係とは…168

細胞核と「翻訳」…168
反論…170
ウイルス工場が作り出す細胞核的な構造…172
セントラルドグマの効率化のために…175
かくしてリボソームは排除された…178

4-2 巨大DNAウイルスと生物の進化…181

DNAレプリコンとバクテリア・アーキアの誕生…181
バクテリア・アーキアと巨大DNAウイルスの共進化…183
真核生物における細胞小器官の進化…185
巨大DNAウイルスのさらなる進化とエンベロープウイルスの進化…186

4-3 アンフォラ(壺)型ウイルスの進化・私案…188

パンドラウイルスとピトウイルスの謎…188
独自の進化とカプシドの不活性化…190
アミノアシルtRNA合成酵素はどうした?…191
パンドラウイルスの行く末…194

4-4 巨大DNAウイルスが語りかけるもの……196

ウイルスはリボソームを獲得できるか?……198
見えない「線」を求めて……200
巨大DNAウイルスは生物か?
~これまでのまとめ~……196

おわりに……203
参考文献……209
さくいん……221

第1章

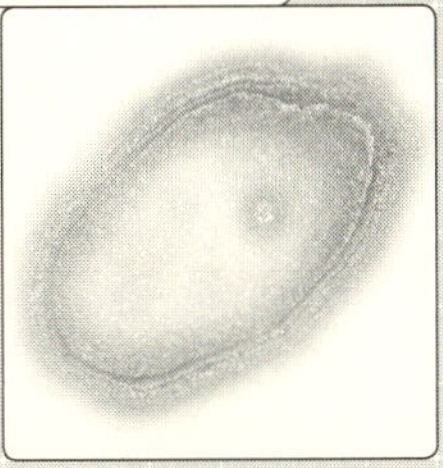

New Life Form

超巨大ウイルスの発見

これまで人間たちが思いめぐらせてきた「生物」の姿と形。

その考え方の根本を突き崩すような事態に、おそらくこれまでの人間は、滅多に遭遇しなかったはずである。「生物とはどういうものか」に関する状況は、海にたとえれば「おだやかに凪《な》いでいた状態」であったといえよう。

この凪いだ大海原に、あるとき突風が吹いた。その結果、静かだった海にはわずかな白波が立ち、あたりの水面がわさわさと蠢《うごめ》き始めたのである。

二〇〇三年のことだった。

1-1 ミミウイルスの発見

New Life Form

ブラッドフォード球菌

イギリス、ウエストヨークシャー州ブラッドフォード。

あの悪名高き「ヨークシャーの切り裂き魔」で有名なこの町で、一九九二年、科学的に重要な発見があったことを知る人は少ないだろう。

当時、ブラッドフォードでは流行性肺炎が蔓延していた。その原因を突き止めるための細菌調査の一環として、とある病院の冷却塔の水が検査され、その水の中からあるアメーバが捕まえられた。

アメーバという単細胞生物は、ほとんどの人がその名前を聞いたことがあると思うが、細菌（いわゆるバクテリア）を捕食するので、レジオネラなどの病原性細菌（感染すると病気をもたらす細菌）を環境中から単離するのによく利用される生物である。いってみれば、細菌学の研究者が、細菌を捕らえるために使う「虫取り網」のようなものだ。

このアメーバは、正式には「アカントアメーバ」という（図1）。

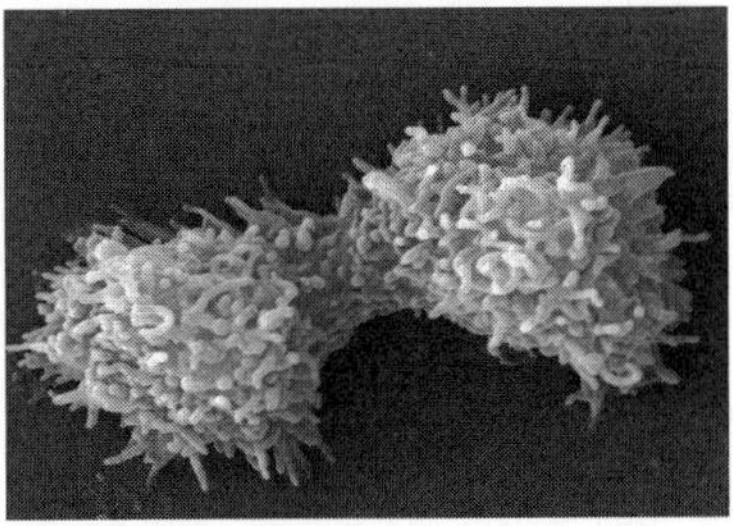

図１　アカントアメーバ
［写真：SPL/PPS］

このアメーバの細胞内に細菌がいること自体は、とりわけめずらしくもない現象で、ブラッドフォードの病院の冷却塔の中で発見されたアカントアメーバにもまた、細菌のような生き物らしきものが含まれていた。

発見当初は、この細菌のような生き物が、特殊な染色法で陽性反応が出たことから、新たな細菌であるとされ、「ブラッドフォード球菌」という細菌用のネーミングがなされた。

しかし、これが間違いだったのである。

rRNA遺伝子がない？

二〇世紀後半以降、生物の分類に関してよく解析される遺伝子がある。それは、全ての生物が共通してもっており、それを調べることで他の生物との進化的関係、すなわち系統に関する知見が得られる、そんな遺伝子である。

「リボソームRNA（rRNA）」遺伝子だ。

「リボソーム」というのは、生物の細胞の中に無数にある、タンパク質を作るための小さな装置のことである。この小さな装置は、それ自身がタンパク質と「RNA」からできている。RNAとは「リボ核酸」の略で、遺伝子の本体として知られるDNA（デオキシリボ核酸）と非常によく似ており、タンパク質の合成に関わっている物質だ。化学反応の触媒としてのはたらきももつ。そのなかで、リボソームを構成しているRNAが「rRNA」である（図2）。

じつは、ブラッドフォード球菌からは、いくらさがしても、このrRNA遺伝子が見つからなかった。

rRNAは、リボソームにはなくてはならないRNAであるから、それが存在しないというのは、リボソームがないというのに等しい。つまりはタンパク質が合成できないということである。自分でタンパク質が合成できないものは、現在の定義では生物に含まれない。

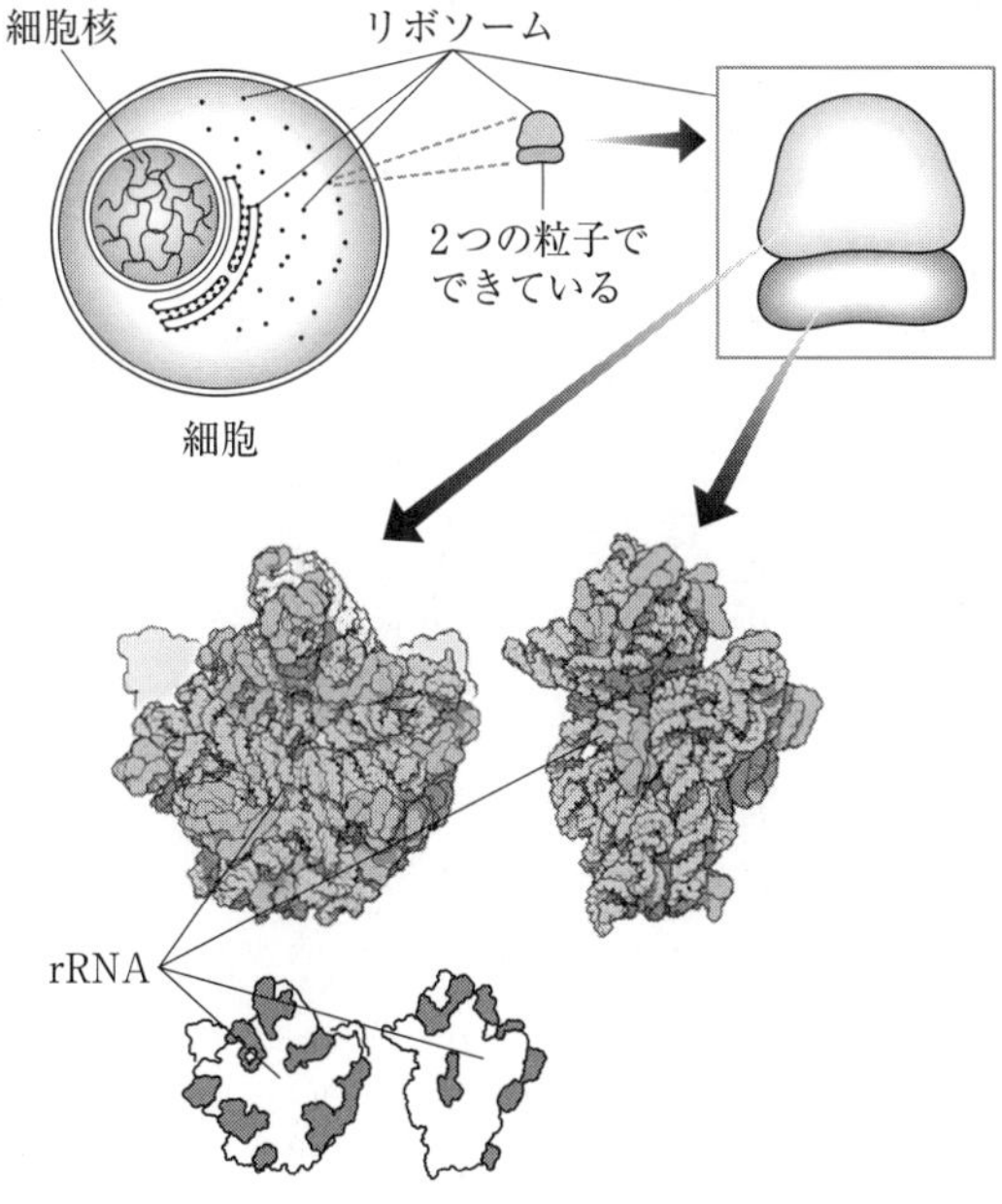

図２　リボソームを構成するrRNA
（上）リボソームは細胞内に無数に存在する粒子で、大小２つの粒子（サブユニット）でできている
（下）左が大サブユニット、右が小サブユニットの構造
［出典：Goodsell DS.（2000）*The Oncologist* 5, 508-509.］

そして、電子顕微鏡という「魔法の装置」の存在は、ブラッドフォード球菌がじつは細菌ではなかったことを研究者たちに理解させるのに、それほど時間をかけることはなかった。なにしろそこには、「細菌」とは似ても似つかないモノが、蠢いていたからである。

▰◈ その「細菌」の形と特徴

まず、アメーバの中に存在する「ブラッドフォード球菌」の形は、電子顕微鏡で見ると、顕著な幾何学的形状を有していて、明らかに細菌的ではなかった。

細菌は通常、楕円形をしていたり円形をしていたり、棒状だったりと、さまざまな形のものがあるが、まるで宇宙船のように、きっちりとした五角形とか六角形とか、いわゆる図形的にきれいな形をしているものは少ない。

ところがブラッドフォード球菌は、電子顕微鏡で見ると、「六角形」をしているように見えたのだ。およそ細菌らしくない形。それが第一の特徴であった（図3）。

さらにブラッドフォード球菌は、アメーバの細胞内で常にその幾何学的な姿をさらしているわけではなく、ときどき、姿を消すことがわかった。

妖怪や幽霊ではあるまいし、生物がその姿を杳として消すなどということは科学的にはあり得ない。細菌だって同様だ。姿が消えるということは、透明マントを羽織るというのでなければ、

18

体のパーツがばらばらに散らばってしまうということである。細胞からできている生物には、そのような芸当は不可能だ。

細胞は一つのまとまった構造体であり、その基礎は、四〇億年ほど前にできたとされている。それ以来、細胞は常に細胞としてのまとまりを保ち、世代交代を繰り返していま、ここに多様な生物の一部として存在している。

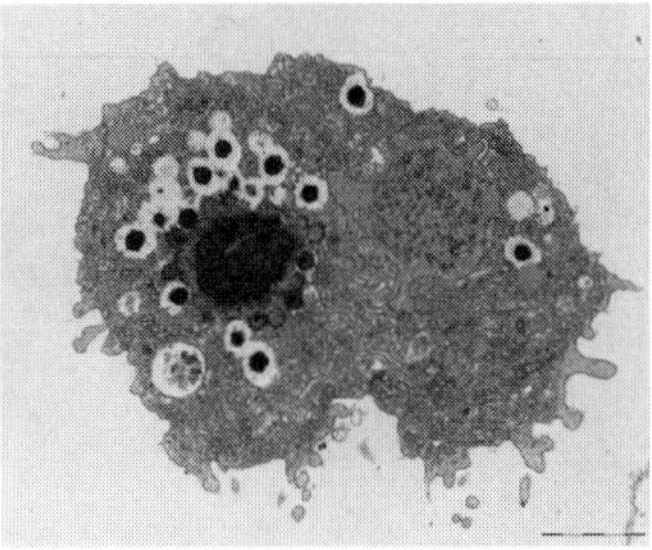

図３　アカントアメーバの中の「ブラッドフォード球菌」
黒い小さな粒子の一つ一つがそれである
［出典：Forterre P. (2010) *Intervirol.* 53, 362-378.］

一九世紀、ドイツの生物学者マティアス・シュライデン（一八〇四〜一八八一）とテオドール・シュヴァン（一八一〇〜一八八二）は、全ての動物、植物は「細胞」からできていることを明らかにして、いまでいう「細胞説」を提唱し、現代生物学の基礎を築いた。さらにドイツの病理学者ルドルフ・フィルヒョー（一八二一〜一九〇二）が「すべての細胞は細胞から生じる」（Omnis cellula e cellula）という至言を残し、「細胞」がもつ生物学的重要性を確固たるものにした。

現代であっても、細胞は細胞が分裂して生じるものである。いったんばらばらになって消えたものが再構築され、細胞が生じることはない。これはいわば、生物学的常識なのである。

ミミウイルスというネーミング

幾何学的な形状と、姿を消すという特徴。そしてrRNA遺伝子が見つからないこと。

こうして、それまで「細菌」と考えられて、「ブラッドフォード球菌」と名付けられていたものが、じつは巨大な「ウイルス」であることがわかり、「ミミウイルス」(Acanthamoeba polyphaga mimivirus) と名付けられた（図4）。

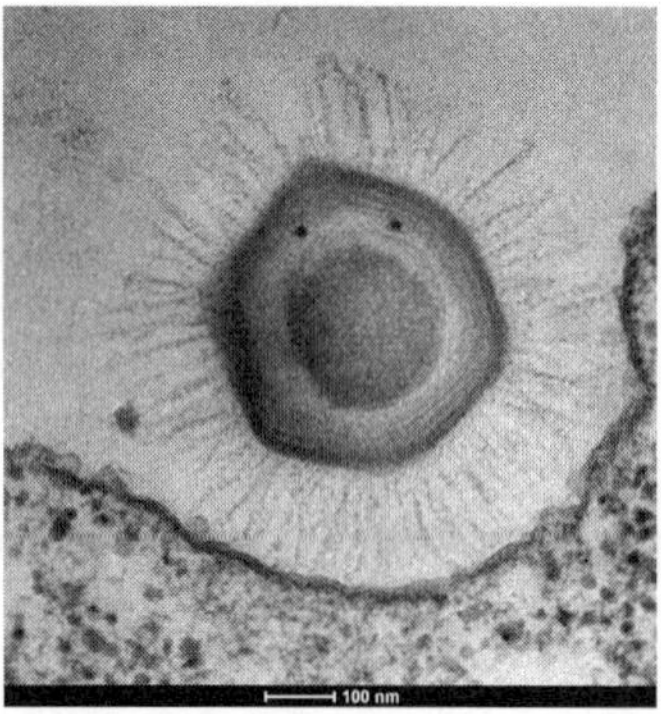

図4　ミミウイルス
［写真：Chantal Abergel IGS, CNRS-AMU］

この名は、二〇〇三年、ミミウイルスの発見を最初に報じたフランスの微生物学者ディディエ・ラウルト（ラウール）の研究グループによる『サイエンス』誌の論文で、「Mimivirus (for Mimicking microbe)」と書かれているように、「よく似ている」もしくは「模倣する」という意味の「mimic」に由来する。だが一方において、その命名には次のような側面もあったという。

ラウールはのちに、名前の選定にやや主観的な面があったことを認めている。父親がよく、ミミという名のアメーバを主人公にした物語を作ってくれたのだという。巨大ウイルスが最初に見つかったのがアメーバの中だったので、ミミという名がすばらしくぴったりなものに思えたというわけだ。（ブルックス著『まだ科学で解けない13の謎』楡井浩一訳、草思社より）

科学者の人間的な一面が垣間見えるエピソードである。

ミミウイルスの特徴

この、新たに発見されたミミウイルスは、どのような特徴を有しているのだろうか。

まず、直径がおよそ〇・七五マイクロメートル（七五〇ナノメートル）と、それまでのウイルスにはない破格の大きさをもっていることがわかった。これはゆうに、光学顕微鏡で確認できるほどであり、実際そうして発見された。

次に、ミミウイルスはいわば典型的なウイルスの形である二〇面体の形をしている反面、その「中身」については次のような特徴をもつことが明らかとなった。

もっとも内側に「ＤＮＡ」がある。そのＤＮＡをまず「脂質二重膜」が覆っている。その外側に、複数のタンパク質（カプシド）の層があり、これが二〇面体の形をしている。

さらにその外側に、繊維状のタンパク質でできた「ヒゲ」のようなもの（表面繊維）が密集し

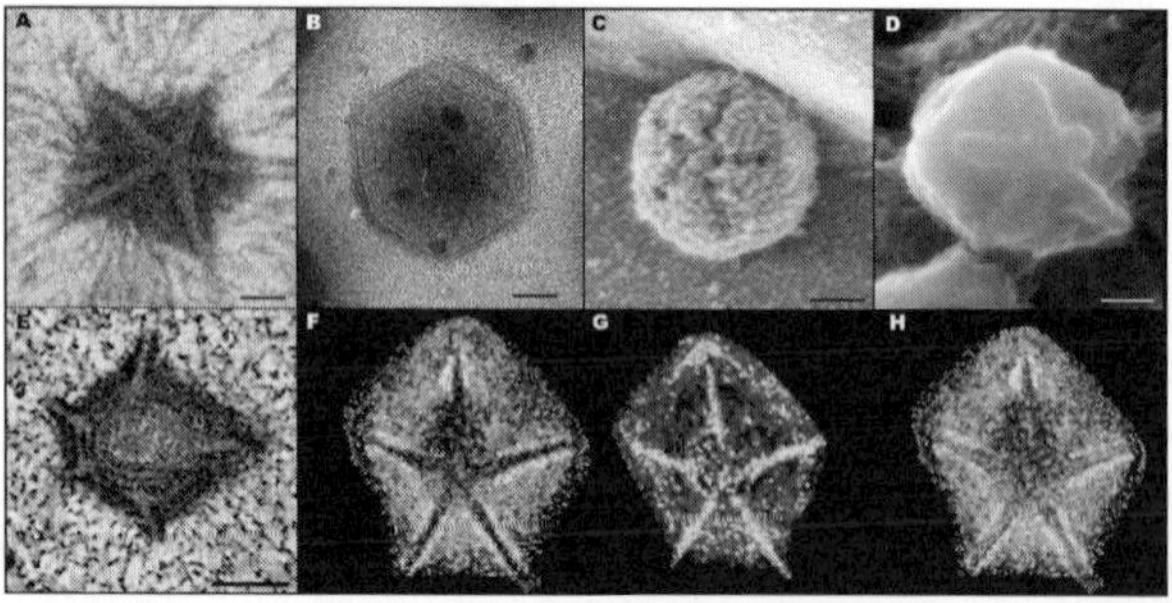

図５　ミミウイルスの「スターゲート」構造
電子顕微鏡の手法や角度の違いによって、いろいろな見え方をする。このゲートを開きミミウイルスはDNAを細胞質へと注入する
［出典：Zauberman N et al.（2008）*PLoS Biol*. 6, e114.］

て生えている。直径およそ〇・七五マイクロメートルというのは、この「ヒゲ」のような部分も含めた大きさである。

このウイルスの表面の一端には、スターゲート構造とよばれる、奇妙な「門」のような構造があることもわかった（図５）。スターゲート構造の側からウイルスを見ると、まるでヒトデが張り付いているかのようにも見える。ミミウイルスは、どこかのモンスターパニック映画ばりに、この構造をがーっと開け、中のＤＮＡをアメーバ細胞の細胞質中に注入するのである。

ではこうした特徴をもつミミウイルスは、ほかのウイルスといったい何が違うのか。その説明をする前に、ちょいと脇に逸れることをお許しいただきたい。

ミミウイルスの「変わった特徴」がいかに変わっているのかを知るためには、それまでのいわゆる一般的なウイルスがどのようなものかを知る必要があるからである。

1-2 そもそもウイルスとは何か

ろ過性病原体

ウイルスは、かつては「ろ過性病原体」とよばれていた。これは、もともとウイルスが、細菌をトラップすることができるセラミック製の「ろ過器」を使っても捕らえることができないほど微小であることに由来する。

もし病原体が細菌であれば、ろ過した後の液体には生物を病気にする能力はないはずである。ところが一九世紀後半に、植物のタバコの感染症であるタバコモザイク病になったタバコの葉の抽出液を「ろ過器」に通した後の液体に、タバコモザイク病を引き起こす能力が残っていたことから、この病気を引き起こす病原体は細菌よりも微小であることが明らかとなった。

こうして、「タバコモザイクウイルス」が発見された（図6）。一八九八年のことである。同じ年、動物に口蹄疫を引き起こす「口蹄疫ウイルス」も発見された。

一九三五年には、アメリカの科学者ウェンデル・スタンレー（一九〇四～一九七一）によっ

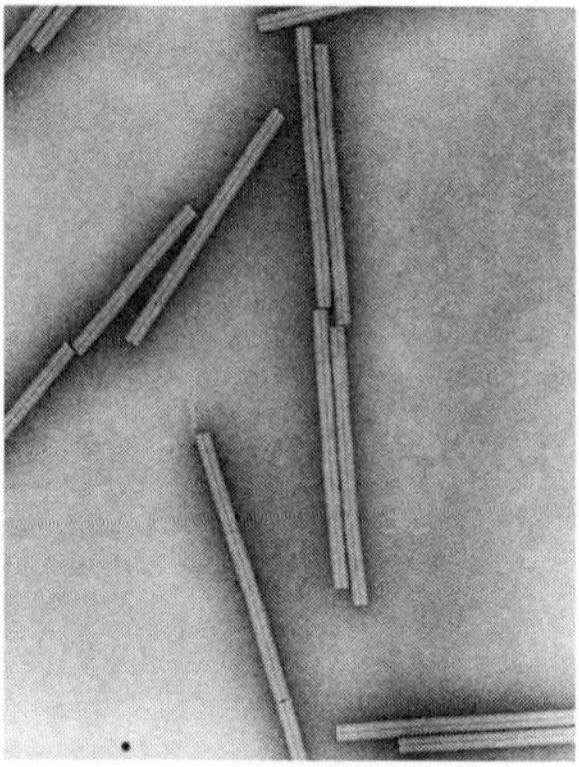

図6　タバコモザイクウイルス
［写真：SPL/PPS］

て、タバコモザイクウイルスが世界で初めて結晶化された。

そもそも生物が結晶化されるなんてことは聞いたことがなかったわけで、その結果、タバコモザイクウイルスは「生物」ではなく、じつは「物質」なのではないか、ということになった。こうして、「ウイルス」についての科学者の共通認識ができあがっていった。それは生物ではなく、「限りなく生物に近い物質」なのだ、と。

ちなみに、ウイルス（virus）という名の語源は、ラテン語で「毒」を意味する言葉である「virus」だ。すでに古代ギリシャのヒポクラテス（前四六〇～前三七五？）は、いくつかの病気がこの「毒」によって引き起こされるものであることを知っていたとされている。

ウイルスの「行動」

一般的なウイルスは、以下のようにして細胞に感染する。

まず、ウイルス粒子が細胞の表面に「吸着」し、細胞内に「侵入」する。次に、自らの「体」

を壊し、中の遺伝子（DNAもしくはRNA）を細胞内部に放出する（「脱殻」）。続いて、細胞内でDNA（もしくはRNA）が複製され、ウイルスのタンパク質が作られる「合成」が進行し、やがてそれらが集まってウイルス粒子として「成熟」し、細胞から外へと「放出」される（図7）。

これがウイルスの基本的な「行動」であり、ミミウイルスもこれに従っている。

さきほど、「ブラッドフォード球菌」ことミミウイルスが、アメーバの細胞内で「その姿を消す」ことから、ほんとうにこれは細菌なのかという疑いが生じた、という話をしたが、この「姿を消す」というのもまた、ウイルスに共通する性質である。

ウイルスが感染先の細胞内で「姿を消す」時期のことを「暗黒期」という。その名の通り、暗闇に姿を隠すがごとく、その姿を消すわけだ。

なぜそのような時期があるのかというと、話は簡単である。

さきほど述べたように、ウイルスは、細胞に感染すると、まずは自身の「体」、すなわち「ウイルス粒子」をばらばらにして、内部にあるDNA（もしくはRNA）を細胞内に放出するからである。そのため見かけ上は、感染したウイルスが「姿を消す」ように見えるのだ（図8）。

そうして、細胞のしくみを利用して、ウイルスは自身のDNA（もしくはRNA）を複製し、またそこに含まれる遺伝子からタンパク質を作り出し、そのタンパク質を使って「ウイルス粒

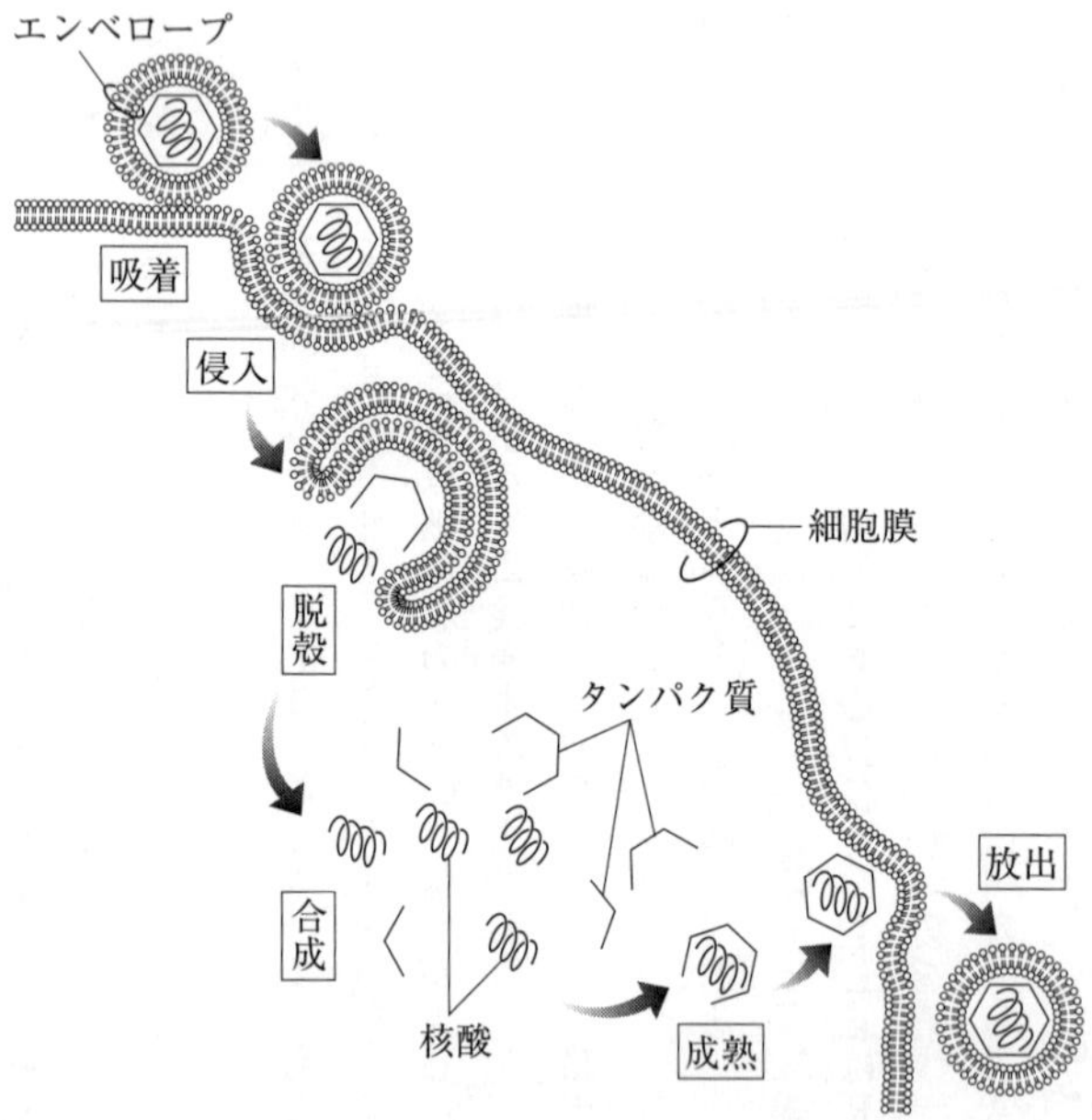

図7　ウイルスの基本的な「行動」
エンベロープウイルス（図9参照）の場合を示している。ウイルスは細胞膜に「吸着」し、細胞膜ごと中に押し入るようにして「侵入」した後、「脱殻」する。細胞の中で自身のタンパク質や核酸を「合成」し、やがて「成熟」する。最後は、細胞膜を内側から押し出すようにし、その一部を自身のエンベロープとしてまとい、「放出」される

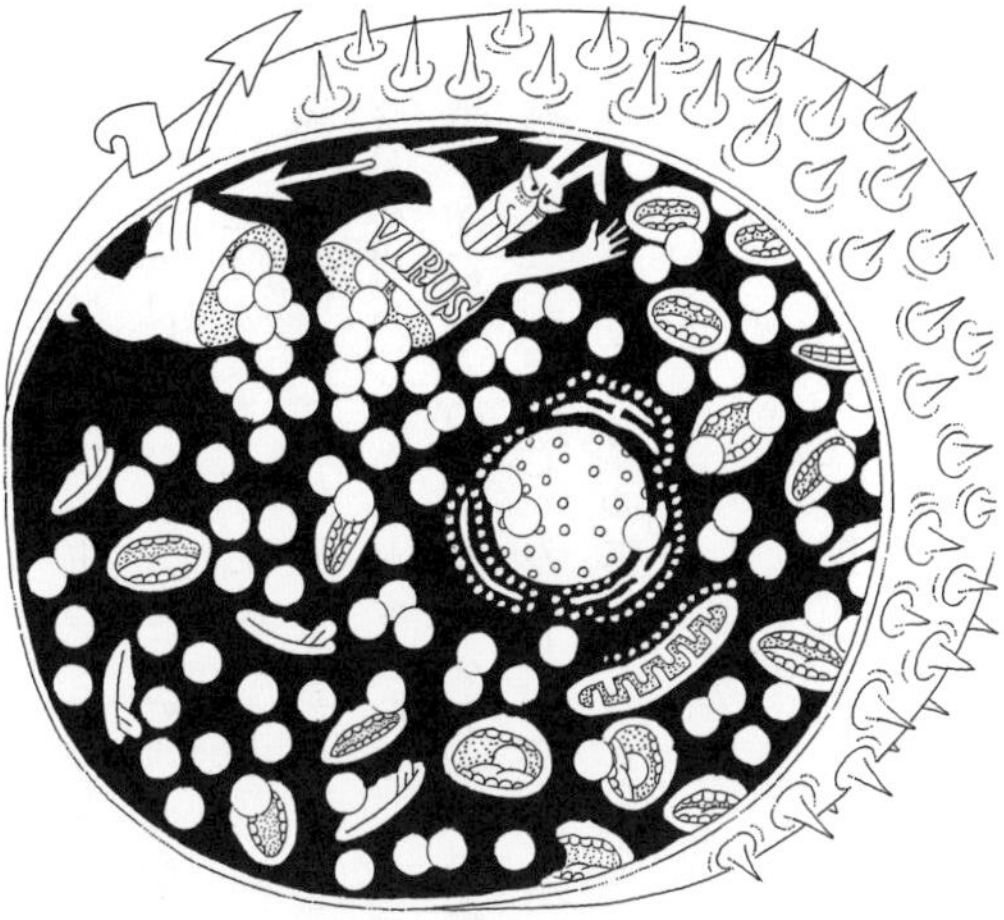

図8　ウイルスは自分の体をばらばらにして内部にあるDNA（もしくはRNA）を放出する

子」を組み立てる。

つまり、脱殻の後、合成が起こって新たな「ウイルス粒子」が成熟し、出現するまでの期間が「暗黒期」となるのである。

それでは「細胞のしくみを利用して」とは、いったいどういうことなのか？　なぜウイルスは「細胞のしくみを利用」しなければならないのか？

ここが、ウイルスを理解する重要なポイントである。

ウイルスに備わっているもの

ウイルスには私たち細胞からできている生物（以降、「細胞性生物」という）とは大きく異なる特徴がいくつもある。

まず、細胞に感染しないと増殖できないと

いう特徴が一つ。これは、ウイルスがウイルスであることから脱却できない一つの論拠ともなっている。

ウイルスには、全ての生物がもっているはずの「リボソーム」(図2参照)がない。

リボソームはタンパク質を合成する装置だから、それがないということは、自らタンパク質を合成することができないことを意味する。

増殖するためには、増殖反応を遂行する「実働部隊」であるタンパク質が必要である。そのタンパク質を自ら作れないとするなら、「他者」に頼るしかなく、ウイルスたちは、それを私たち細胞性生物に頼るのである。タンパク質を合成するために必要な遺伝子をもっていないからこそ、彼らは「細胞のしくみを利用する」のである。

もっとも単純なウイルスは、ほんとうに必要最小限の遺伝子しかもっていない。必要最小限の遺伝子とは、まずは自らの殻である「カプシド」を作るタンパク質の遺伝子と、自らの遺伝子である「核酸（ＤＮＡもしくはＲＮＡ）」を複製するタンパク質の遺伝子である。より複雑なウイルスになると、タンパク質でできたカプシドのさらに外側を、脂質二重膜でできた「エンベロープ」という袋で覆っているものもいる(図9)。

これらの形が、「ウイルス粒子」とよばれる、私たちが通常、ウイルスという言葉からイメージする形である。

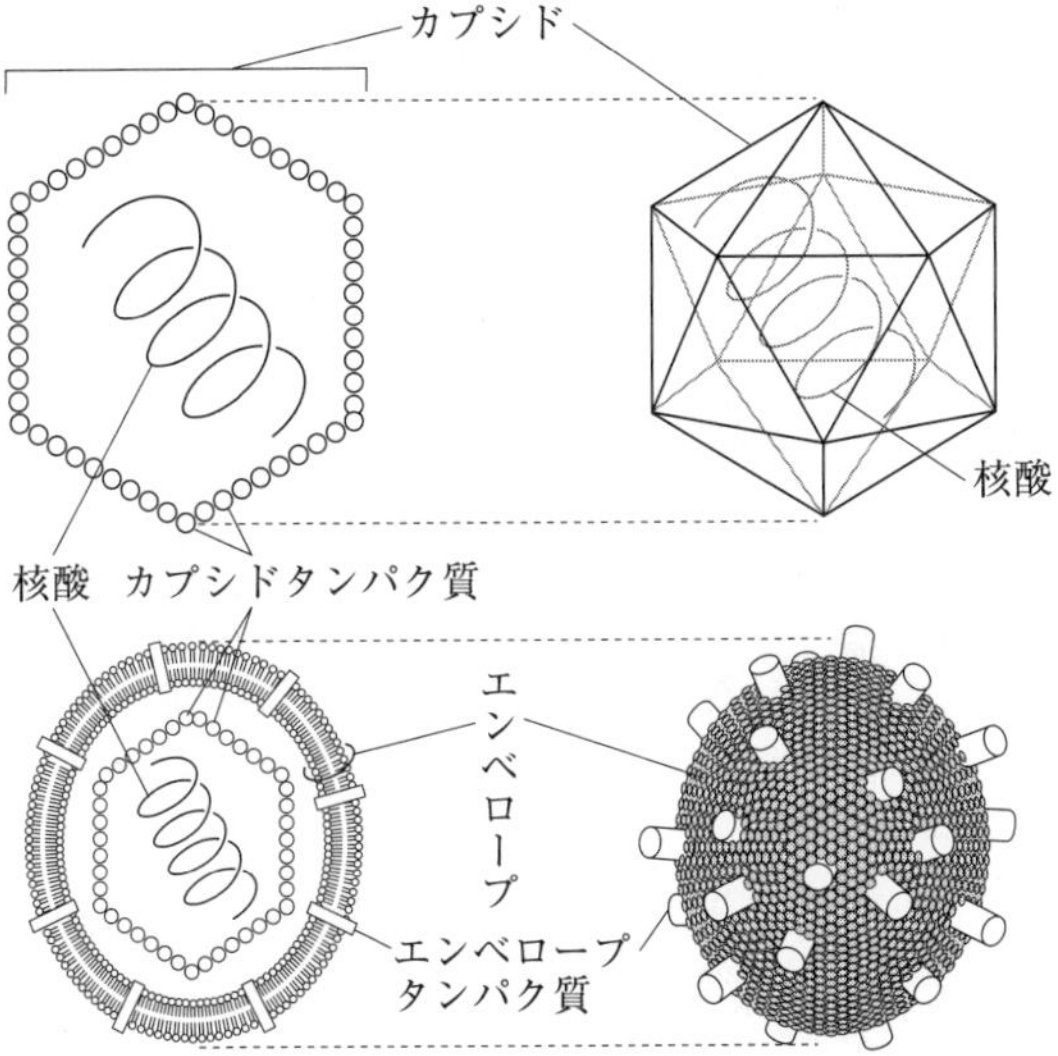

図9　ウイルスの基本的な形
(上) もっとも単純なウイルスは、遺伝子としてはたらく核酸と、その周囲を覆うカプシドタンパク質からなる
(下) カプシドの周囲を脂質二重膜（エンベロープ）が取り囲んでいるウイルスもあり、これを「エンベロープウイルス」という。エンベロープには、ウイルスが細胞に吸着したりするときに必要なタンパク質などが埋め込まれている

セントラルドグマ

細胞は、よく「精密機械」にたとえられる。

たとえば、時計が動くには、その中に仕込まれている大小さまざまな歯車の複雑な相互作用が必要である。こうした歯車が一糸乱れぬ協調行動を起こすことによって、その集合体である時計は、きちんと正確な時を刻む「時計」としてはたらくことができる。

細胞が活動する「歯車」の中でもっとも重要なものが「タンパク質」である。そしてその情報すなわち「設計図」は、「DNA」に書き込まれている。

タンパク質を合成するリボソームは細胞質にあるが、その設計図たるDNAは「細胞核」とよばれる巨大な「部屋」に格納されているので、この部屋からリボソームにまで設計図を運ぶ役割をもつ、別の「歯車」が必要となる。それがRNAである。

高い塔の上に閉じ込められたラプンツェルが、外の世界にいる恋人への手紙をハトに託すように（実際にはそんな話ではないけれど）、細胞核の中に閉じ込められたDNAは、外の世界にいるリボソームへの「手紙」を、「RNA」という物質に託すのである。

DNAからの手紙を託されたRNAを、「メッセンジャーRNA（mRNA）」という。mRNAは、いってみればDNAの手紙というよりも、DNAの「写し身」（コピー）そのものだ。

ｍＲＮＡは、細胞核を出てリボソームにまでたどり着くが、そこに待ち構えているのは、タンパク質の材料である「アミノ酸」をくっつけた別のＲＮＡ、「転移ＲＮＡ（ｔＲＮＡ）」である。ｔＲＮＡによってアミノ酸が運びこまれると、リボソーム（の成分であるｒＲＮＡ）は設計図の写しであるｍＲＮＡに従って、アミノ酸の重合物たるタンパク質を合成するのである。

簡単にまとめると、ＤＮＡは「複製」によって細胞から細胞へとタンパク質の設計図（遺伝子もしくは遺伝情報ともいう）を伝え、それぞれの細胞では、ＤＮＡからＲＮＡが作られ、そのＲＮＡによってタンパク質が作られる（図10）。

この、ＤＮＡからＲＮＡが作られる過程を「転写」、ＲＮＡによってタンパク質が作られる過程を「翻訳」という。ＤＮＡとＲＮＡは、ともに四種類の塩基の並び（塩基配列）で表現されるが、タンパク質は二〇種類のアミノ酸の並び（アミノ酸配列）で表現される。いわば「言語」が違うため「翻訳」といわれるのだ。

複製・転写・翻訳。

それぞれの精密な歯車によってなされるこのしくみは、全ての生物がもっている共通のしくみであるが故に、私たちはこれを「セントラルドグマ」（中心定理）とよぶ。

ウイルスについて知るとき、じつはこのセントラルドグマは非常に重要な位置を占めている。

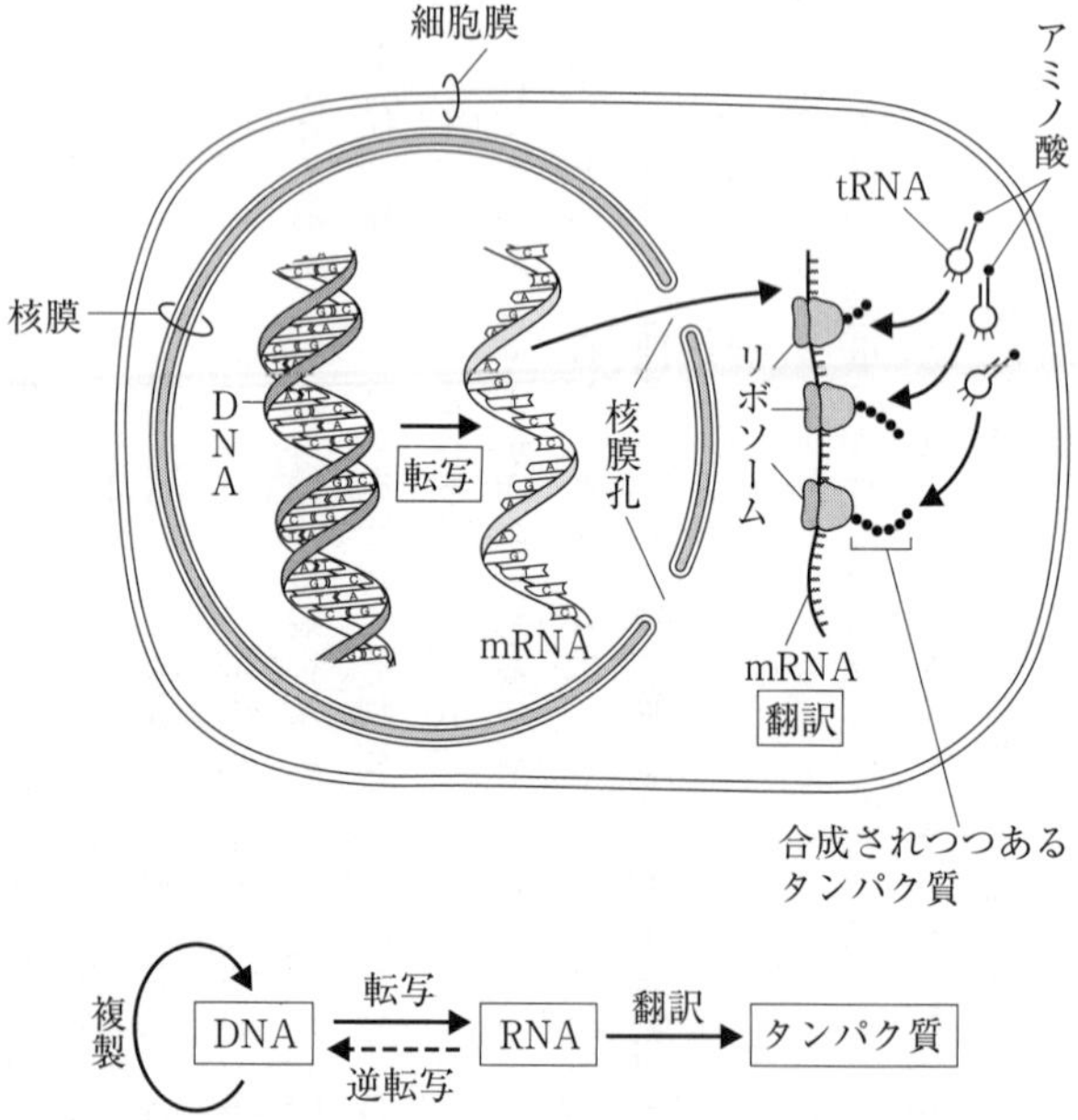

図10　DNAの複製・転写・翻訳（セントラルドグマ）
（上）細胞に細胞核がある「真核生物」の場合、転写はDNAが存在する細胞核内で起こる。転写により作られたRNAは、核膜孔から細胞質へと出て、リボソームにたどり着く。そこで翻訳が行われてタンパク質が作られる
（下）よくあるセントラルドグマの模式図。現在ではRNA自身も「複製」することを示す場合もあるが、まだ普遍的ではない。なお「逆転写」は他に比べて普遍的ではないが、私たちにも備わった重要な反応だ

ウイルスに備わっていないもの

核酸としてＲＮＡをもつウイルスはともかくとして、ＤＮＡをもつウイルス（ＤＮＡウイルス）であっても、セントラルドグマを完全に備えているものは見つかっていない。

なおここから先、本書の最後まで、基本的にはすべてＤＮＡウイルスの話である。

単純なウイルスでは、ＤＮＡポリメラーゼなど「複製」用の遺伝子だけはもっているものが多い。複雑なウイルスになると、「複製」に関わる遺伝子に加えて、ＲＮＡポリメラーゼなど「転写」に関わる遺伝子をもっているものもある。

たとえば、ウイルスの中でももっとも複雑なものの一つで、天然痘ウイルスに代表される「ポックスウイルス」（Poxvirus）は、「複製」用と「転写」用の遺伝子を揃えている。「複製」と「転写」は、両方とも細胞核の内部で起こるので、これらの過程に必要な遺伝子を自前でもっておらず、細胞のものを拝借しなければならないようなウイルスは、細胞核の中にまで入り込む（例外もある）。しかし、「複製」と「転写」の遺伝子を自前でもっているポックスウイルスは、わざわざ細胞核まで入り込まなくても、細胞質だけで増殖することができるのだろう。

一方で、どんなに複雑なウイルスであっても、「翻訳」用の遺伝子を備えているウイルスはいなかった（図11）。

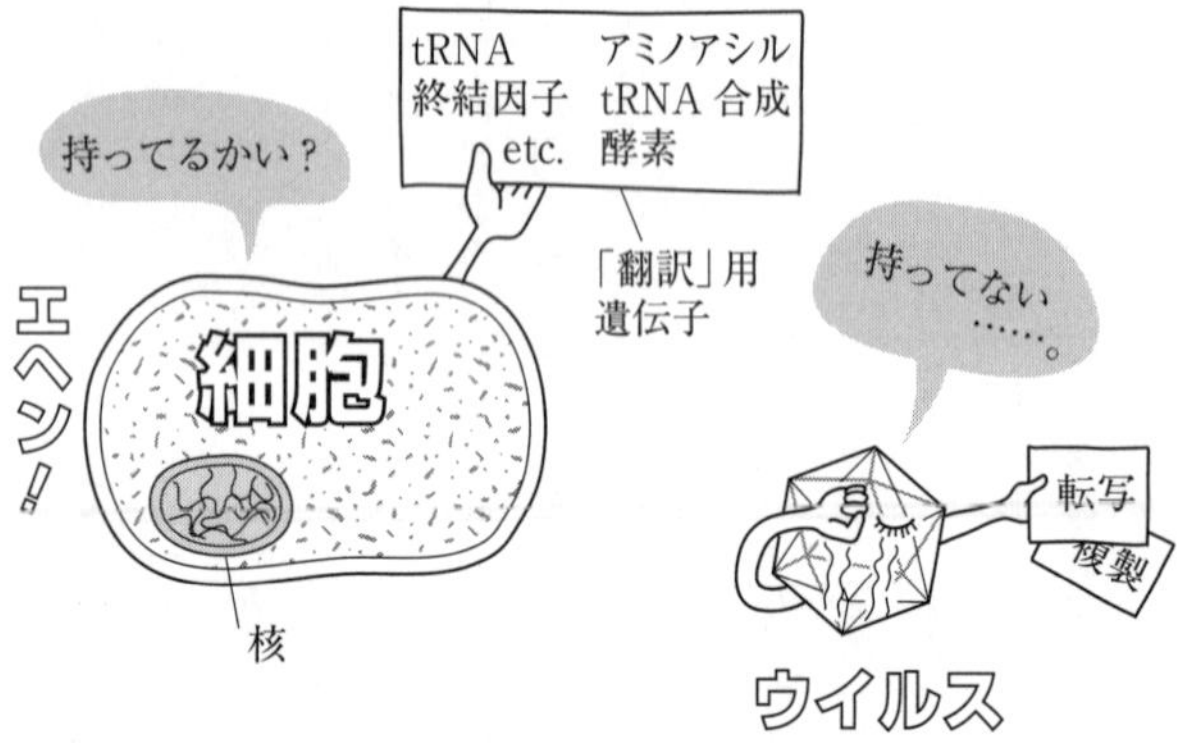

図11　ウイルスは「翻訳」用遺伝子をもっていない
「翻訳」用遺伝子には、tRNA遺伝子のほか、アミノアシルtRNA合成酵素遺伝子、翻訳を終わらせる終結因子遺伝子など、いくつかの種類がある

アミノ酸を運ぶ役割をもつｔＲＮＡ遺伝子をわずかながらもっているウイルスは存在するが、それ以外の「翻訳」用遺伝子をもっているウイルスは、これまでにはいっさい見つかっていなかったのである。

だからこそ、ウイルスは「細胞のしくみを利用する」必要があったのだ。リボソームをはじめ、細胞に備わっているタンパク質を合成するしくみを利用しないと、ウイルスは「翻訳」までを行い、セントラルドグマを完結させることができないからである。

見方をかえると、「翻訳」はリボソームが存在する細胞質中で起こるので、ウイルスにとっては、感染したすぐその場所で「翻訳」に使える材料がわんさか揃っており便利だったともいえる。細胞核にまで入り込んでいく必要もない。それで、ウイルスは「翻訳」用の遺伝子をわざわざ自前で用意することなく、細胞のものを連綿と使ってきたのだろう。

言い換えると、これまで見つかっていたウイルスには「翻訳」用の遺伝子が存在する必要がなかったとさえいえる。これが「常識」だったのである。

1-3 続々と発見される巨大ウイルス

ミミウイルスの巨大さ

生命の設計図ともいわれ、遺伝子の本体としても知られる物質、ＤＮＡ。

全ての生物はこのＤＮＡをもち、それがある故に私たちヒトはヒトの姿をして生まれ、ワカメはワカメとして一生を終え、納豆菌は納豆菌として納豆の製造に力を発揮する。

私たち生物がもっている、そのＤＮＡの全体を「ゲノム」という。ＤＮＡは「塩基」という四種類ある物質が（ＤＮＡの基本単位である「ヌクレオチド」の一部として）一列に並んだ細長い物質なので（実際にはそれが二本抱き合い、二重らせん構造を作っている）、その塩基の数を単位とした「bp（base pair）」でその長さを表すことになっている。ヒトのゲノムの長さ、すなわ

和名（種名）	分類	ゲノムサイズ(bp)
ヒト（*Homo sapiens*）	真核生物	3,200,000,000
繊毛虫（*Tetrahymena pyriformis*）	真核生物	190,000,000
出芽酵母（*Saccharomyces cerevisiae*）	真核生物	12,100,000
大腸菌（*Escherichia coli*）	細菌	4,600,000
ミミウイルス（*Acanthamoeba polyphaga mimivirus*）	ウイルス	1,200,000
マイコプラズマ（*Mycoplasma genitalium*）	細菌	580,000
ポックスウイルス（*Canarypox virus*）	ウイルス	360,000
細菌の一種（*Candidatus Tremblaya princeps*）	細菌	140,000

図12　ゲノムサイズの一覧（ゲノムサイズはおおよその数字）

ち「ゲノムサイズ」は、およそ三二億bpである（図12）。

ミミウイルスが発見されるまで、もっとも大きなウイルスとされてきた「ポックスウイルス」の中でもさらに大きなもの（鳥に感染するカナリポックスウイルス）のゲノムサイズは、せいぜい三六万bpであった。タンパク質を作ることができる遺伝子の数も三二八個で、私たち細胞性生物に比べたら少ない。

ただし、じつは細胞性生物の中にも、ゲノムサイズが小さいものもいる。

地球上の細胞性生物でゲノムサイズがもっとも小さく、かつ遺伝子の数がもっとも少ない「生物」は、細菌の一種「トレンブレヤ・プリンセプス」であり、そのゲノムサイズは一四万bp程度で、遺伝子の数も一一〇個にすぎない。「生物ではない」ポックスウイルスの方がゲノムサイズも大きく、遺伝子の数も多いのである。もっともこの生物は、他の生物に寄生しないと生きていけないため、その意味では「ウイルス的」であり、独立した「生物」とほんとうにいえるかどうか、疑問は残るが。

そして、ミミウイルスである。この新たな「巨大ウイルス」のゲノムはポックスウイルスよりはるかに大きく、およそ一二〇万bp、遺伝子の数も九八〇個にものぼることがわかった。このゲノムサイズは、独立した（単独で培養することが可能な）細胞性生物である細菌マイコプラズマ（五八万bp）よりも大きく、遺伝子数も多い。ミミウイルスは、ウイルス粒子の大きさのみならず、ゲノムもまた「巨大」だったのである。

さらに驚くべきことに、粒子内に、DNAから転写されたmRNAと思しきRNAも発見された。じつは、DNAをゲノムとしてもつウイルス（つまりDNAウイルス）の粒子内にRNAが存在するというのは、これまでにはない特徴なのだ。

というのも、現在のウイルスの考え方の基礎を作ったフランスの微生物学者アンドレ・ルヴォフ（一九〇二～一九九四）によるウイルスの定義の一つに「核酸を一種類だけ（DNAもしくはRNA）もつこと」というものがあったからである。事実、それまでのウイルスはルヴォフのこの古典的な定義を忠実に守り、DNAウイルスはDNAのみ、RNAウイルス（RNAをゲノムとしてもつウイルス）はRNAのみをもっていたが、ミミウイルスはそれを覆したといえるかもしれないのである。

ミミウイルスの「翻訳」用遺伝子

さきほども述べたように、「翻訳」用の遺伝子のうちtRNA遺伝子については、ウイルスでもちらほら見つかっていた。

たとえば、一九七〇年代に広島大学の川上襄《のぼる》（一九二六〜一九八〇）によって発見された、ゾウリムシに共生するクロレラに感染する「クロレラウイルス」（Chlorovirus）からは、いくつかのtRNA遺伝子が発見されている。

しかし、ミミウイルスにはtRNA遺伝子に加えて、「翻訳」にとって極めて重要な遺伝子である「アミノアシルtRNA合成酵素」の遺伝子も見つかった（図11参照）。アミノアシルtRNA合成酵素とは、tRNAにアミノ酸をくっつける酵素である。さらに他にも、「翻訳」反応の開始、伸長、終結に関係する遺伝子も見つかった。

tRNA遺伝子とアミノアシルtRNA合成酵素遺伝子が揃ったことで、アミノ酸さえあれば、tRNAにアミノ酸をくっつけ、「あとはリボソームにもっていくだけ」という状態を作り出すことができる。これは、それまでのウイルスにはなかった「可能性」である。

とはいえ、あくまでも「可能性」の域を出ない。

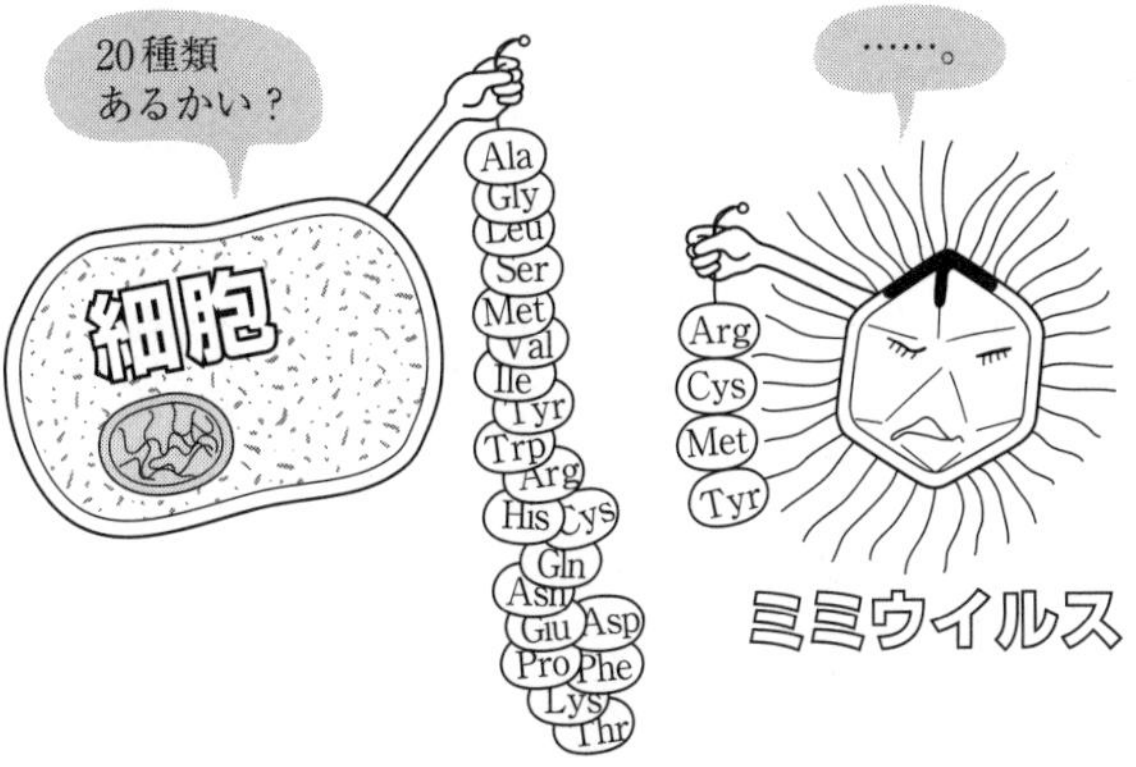

図13　細胞とミミウイルスがもつアミノアシルtRNA合成酵素
細胞には、20種類のアミノ酸すべてに対応する酵素があるが、ミミウイルスにはたった４種類しかない。しかし、ないよりはマシだろう

なにしろ、アミノアシルｔＲＮＡ合成酵素の遺伝子が見つかったとはいえ、その種類はとうてい、細胞性生物の一揃い揃った状態には遠く及ばない。タンパク質の材料となるアミノ酸は二〇種類あるので、少なくともそれぞれに対応する二〇種類のアミノアシルｔＲＮＡ合成酵素が必要だが、ミミウイルスには、アルギニン、システイン、メチオニン、そしてチロシンというたった四種類のアミノ酸をｔＲＮＡに結合させるものしかないのである（図13）。

しかも、リボソームを自前でもつための遺伝子（ｒＲＮＡ遺伝子など）は見つからなかった。

アミノアシルｔＲＮＡ合成酵素自身がタンパク質だから、遺伝子だけがあったとしても、結局のところリボソームがなければタンパク質は作られない。したがって、可能性はあるのだけれども、その実現はなされないままなのだ。

せっかく遺伝子があるのに、これを自分だけの力では使えないなんて……。まさに「手持ち無沙汰」という感じだろう。いや「手持ち無沙汰」というより、野球でバットを与えられても打席に入らせてもらえない状況を考えた方が実際に近いかもしれない。

しかしながら、ウイルスと生物との関係を考えるうえで、ミミウイルスの、これまでのウイルスとは一味違うこの特徴は、じつに大きなものであるといえよう。

アミノアシルtRNA合成酵素だけでなく、「翻訳」の開始から終結にまで関わる遺伝子も見つかったということは、ミミウイルスにリボソームさえ与えてやれば、自分でタンパク質（ただし限られたアミノ酸のみからなる）を合成することが可能かもしれないからである。このあたりの議論はまた第4章の最後に出てくる。

ウイルスに感染するウイルス

自分が寄生者で、まんまと宿主に入り込んで甘い汁を吸い、いい気になっていたら、じつは自分自身にもさらに小さな「寄生者」がいつの間にか取りついていて、甘い汁を吸われていた。

そんなバイオハザード的な状況が、ウイルスの世界に存在したことがわかったのは、ミミウイルスの発見から数年経った、二〇〇八年のことだった。

ミミウイルスの仲間として新たに見つかった「ママウイルス」(Mamavirus) というウイルスがいる。このウイルスに、小さな寄生体がいることが発見されたのである。

細菌（バクテリア）に感染するウイルスのことをバクテリオファージというが、この寄生体は、「ウイルスに感染するウイルス」という意味をこめて「ヴァイロファージ」という名前が付けられ、その「愛称」として「スプートニク」という別名も与えられた。この名は、お気づきかと思うが、旧ソヴィエト連邦が打ち上げた人類最初の人工衛星、スプートニクに由来する。その意味は「随伴するもの」である。

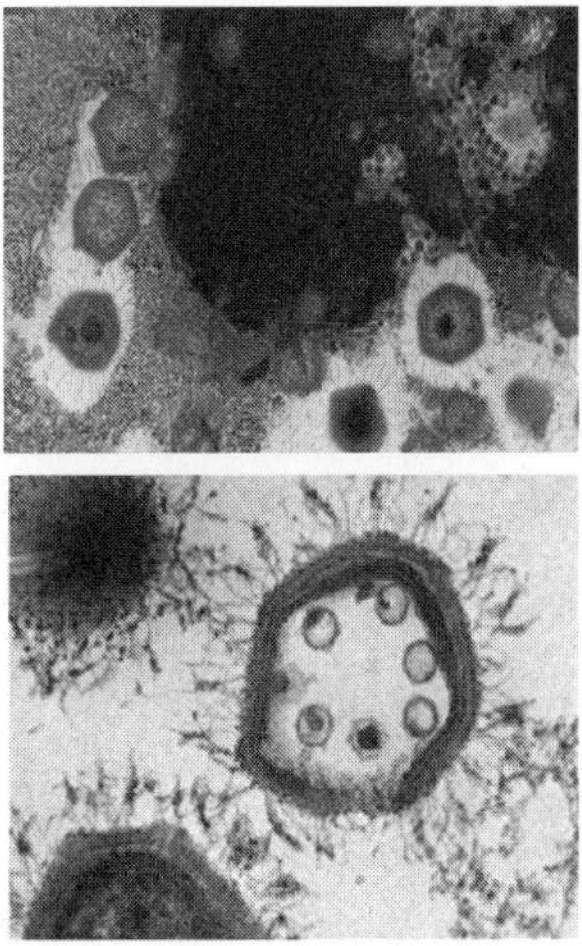

図14　ミミウイルスの仲間「ママウイルス」に“感染”するスプートニク
（上）アカントアメーバに感染したママウイルスとスプートニク。比較的大きな六角形がママウイルスで、写真右上あたりに見える細かい粒がスプートニク
（下）ママウイルス粒子内のスプートニク
［出典：La Scola B et al. (2008) *Nature* 455, 100-104.］

正確にいうと、このヴァイロファージ「スプートニク」は、バクテリオファージが細菌に感染するのと同じようにママウイルスに感染する、というのではないらしい。むしろスプートニクは、まさにその名の通り、ママウイルスと一緒に、ママウイルスに随伴するようにしてアカントアメーバに感染するのである（図14）。

ただ、スプートニクはそれ単独ではアカントアメーバに感染することができず、ママウイルスがいなければだめなのであって、しかも最後にはこの自分が随伴した「主」であるママウイルスを殺してしまうというから、その意味ではやはり、スプートニクは「ウイルスに感染するウイルス」であるとみなされてもしかたあるまい。

生物の進化に関わるヴァイロファージ

二〇一一年には、「カフェテリア・レンベルゲンシスウイルス」（Cafeteria roenbergensis virus）という巨大ウイルスに感染するヴァイロファージが見出され、「マヴェリックウイルス」と名付けられた。分子系統解析から、真核生物がゲノム中にもっているある種の「トランスポゾン」が、このヴァイロファージを起源としていることが示唆された。「トランスポゾン」とは、動く遺伝因子と称されるＤＮＡで、その役割は不明なものが多いが、真核生物の進化に大きな影響を与えてきたとされている。

ウイルスが生物の進化に大きな影響を与えてきたことは広く知られるようになってきたが、ウイルスに感染するウイルス（ヴァイロファージ）も、私たち生物にその足跡を残しているというのは、非常に興味深い事例である。

このように、ヴァイロファージは私たち生物の進化に大きく関係する存在であることがわかってきた。しかし、彼らもやはり「ウイルス」であり、生物とはみなされない宿命を背負っている。もしウイルスが「生物ではなく物質」であるというなら、このヴァイロファージは、「物質に寄生する物質」という位置づけになる。何となく「?」マークがつきそうな状況だ。

重要なことは、細菌と同じように巨大であるだけでなく、細菌と同じように「ウイルス」に感染のターゲットとされる存在。それが巨大ウイルスの仲間たちだったということである。なお、二〇一一年以降も、新たなヴァイロファージがいくつか発見されており、その世界は思いのほか広いと考えられ始めている。

マルセイユウイルス

二〇〇九年、フランス・パリの冷却塔の中から、ディディエ・ラウルトの研究グループの手によって、またしても新たなウイルスが発見された。やはりアカントアメーバに感染することができるウイルスである。

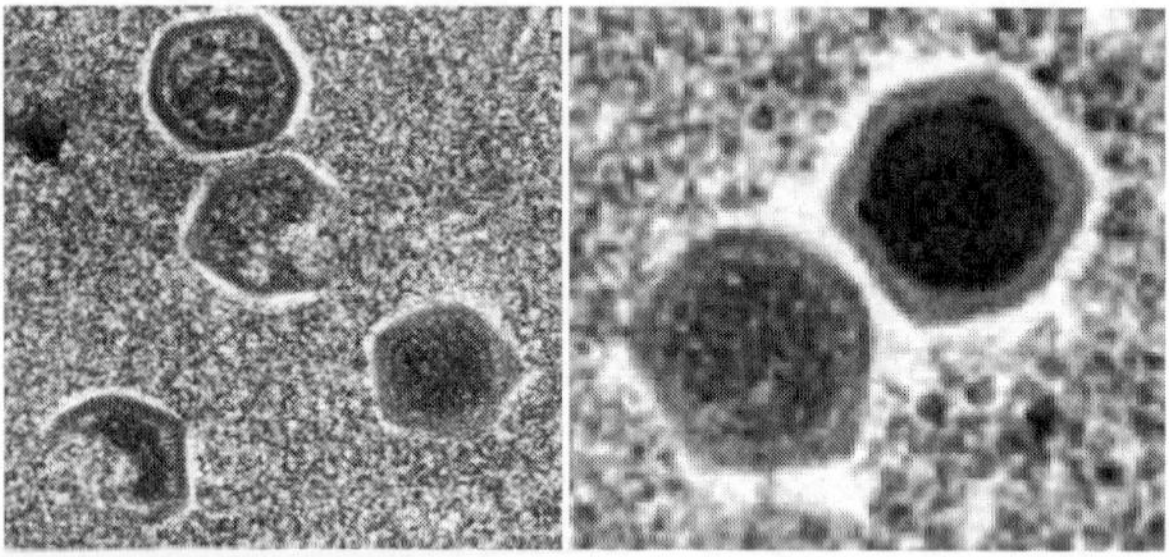

図15　マルセイユウイルス
ミミウイルスに見られたヒゲのような表面繊維がほとんど見られない
（左）さまざまな組み立て段階にあるマルセイユウイルス
（右）ほぼ成熟したマルセイユウイルス
［出典：Boyer M et al. (2009) *Proc. Natl. Acad. Sci. USA* 106, 21848-21853.］

「マルセイユウイルス」（Marseillevirus）と名付けられたこのウイルスは、ミミウイルスと同じく二〇面体の構造をしており、その粒子のサイズは直径およそ〇・二五マイクロメートルと、ミミウイルスに比べると小さく、ポックスウイルスとほぼ同程度の大きさである。それは、ミミウイルスで見られたような無数の表面繊維がほとんど見られないこととも関係がある（図15）。

マルセイユウイルスの二〇面体のカプシドの内側には、ヌクレオカプシドとよばれるＤＮＡを取り囲むタンパク質の殻があり、この二層のカプシドの中間に、脂質二重膜がある。

またそのゲノムサイズもおよそ三七万bp、推定される遺伝子の数も四五七個（タンパク質として確実に合成されると同定されたのは四九個）と、ミミウイルスのそれに比べると半分以下であるが、ポックスウイルスよりは若干大きめであり、ミミウイルスと同様、「複製」、「転写」、そして「翻訳」用の遺伝子をもち、ｍＲＮＡをその粒子の中に含んでいる。ただしアミノアシルｔＲＮＡ合成酵素遺伝子は見つかっていないようである。

メガウイルス

二〇一一年には、その粒子の大きさ、ゲノムサイズともにミミウイルスより大きく、遺伝子の数もミミウイルスより多いウイルスが、フランスの微生物学者ジャン＝ミシェル・クラヴリらの研究グループにより、チリの海岸で採取された土壌サンプル中から発見された。

そのゲノムサイズは一二六万bpで、驚くべきことにタンパク質を作る遺伝子が一一二〇個と、ついに一〇〇〇個を超えるまでの巨大ウイルスであることがわかり、「メガウイルス」(Megavirus)と名付けられた。一〇〇〇個を超える遺伝子のうち二五八個の遺伝子は、ミミウイルスにはない（正確に言うと、ミミウイルスの遺伝子とは似ていない）ものだった。

構造の点では、ミミウイルスと同様の表面繊維が存在するが、ミミウイルスのそれよりも若干短い。そのかわり、メガウイルスのカプシドの直径は、ミミウイルスのそれよりも若干大きいので、全体の形としてはミミウイルスよりも整っているという印象を受ける（図16）。また、メガウイルスにもミミウイルスと同様の「スターゲート構造」が見られる。

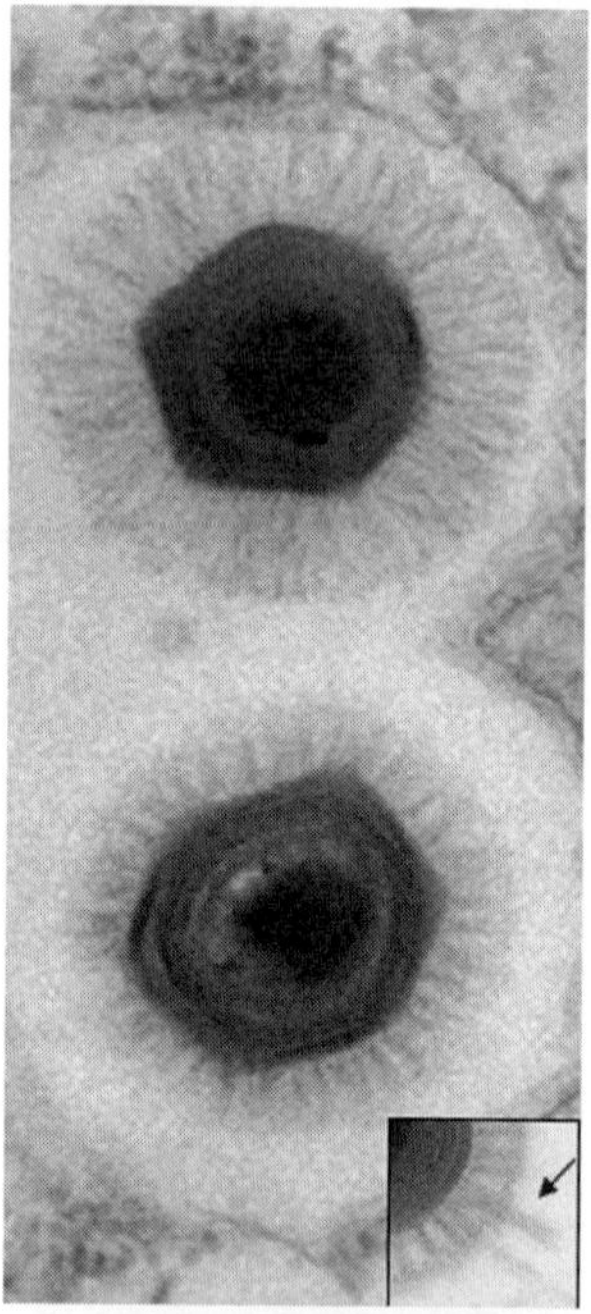

図16　アカントアメーバ細胞内でのメガウイルス
ただし、ミミウイルスも同時に感染している珍しい例である。上がミミウイルスで、下がメガウイルス。表面繊維の長さの違いがよくわかる。右下の小窓の写真（矢印）はメガウイルスにしばしば見られる「立ち毛」のようなもの
［出典：Arslan D et al.（2011）*Proc. Natl. Acad. Sci. USA* 108, 17486-17491.］

さらに、ミミウイルスには四種類のアミノアシルｔＲＮＡ合成酵素遺伝子があったが、メガウイルスにはその四種類に加え、さらに三種類のアミノアシルｔＲＮＡ合成酵素の遺伝子があることがわかった。

メガウイルスで新たに見つかった三つのアミノアシルｔＲＮＡ合成酵素は、真核生物が進化を始めるよりも起源が古いようである。メガウイルスとミミウイルスの共通祖先からミミウイルスが分岐した後、これらのアミノアシルｔＲＮＡ合成酵素はミミウイルスの系統では徐々に失われてきたが、メガウイルスの系統では残ってきた、と考えられるという。

別の見方をすれば、メガウイルスは、ミミウイルスよりも古い時代の、もしかしたら私たち真核生物の祖先により近い存在である、とみなすこともできるのかもしれない。

1-4 パンドラウイルスとは何か

New Life Form

「新しい生命の形」現れる?

チリ沿岸部のトゥンケン川河口の沈殿土。

オーストラリアのメルボルン近郊にある淡水の沼の水底。

どちらも決して人口に膾炙《かいしゃ》している場所ではなく、一般人がとうてい行きそうもないような場所に思えるが、得てしてそうした場所が、「未知との遭遇」に最適だったりする。

この二つの場所から見つかったウイルスに、「パンドラウイルス」(Pandoravirus)という名前が付けられ、一方に「パンドラウイルス・サリヌス」、もう一方に「パンドラウイルス・デュルシス」という学名が付けられたのは、決して「パンドラの箱」を開けてしまったというわけでもないが、その形状が明らかに、これまでのウイルスとはかけ離れたものだったからだろう。

二〇一三年七月に科学誌『サイエンス』に発表された論文に掲載されていたそのウイルスの写

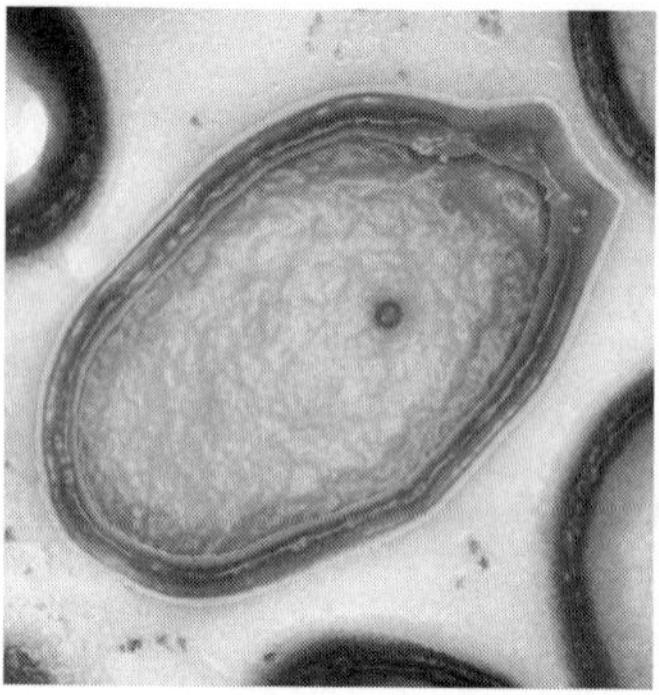

図17　パンドラウイルス
［写真：Chantal Abergel IGS, CNRS-AMU］

真は、まさに「New Life Form（新しい生命の形）」の名にふさわしいものだった。

ミミウイルスなどがもつ二〇面体の形イコール「ウイルスとはこういうものだ」という概念に縛られた者からすれば、パンドラウイルスのその「異様な形」はとうてい受け入れられるものではないだろう。なにしろ、まるでいびつな形のメロンを割ったかのような、まるで岩肌にへばりついている軟体動物を裏返したかのような形なのだから。言うなれば、これまたミミウイルスと同様、別の意味で「ウイルスらしくない」のである（図17）。もっとも、ミミズのような形をした「エボラウイルス」もまた、ウイルスらしくないといえばそうであるが。

それでいて、ウイルス特有の「暗黒期」がきちんとある。

どこから見てもウイルスらしくないのだけれど、その特徴を考えるとやはりウイルスらしい。

いったい何なのだろう？

パンドラウイルスの構造

パンドラウイルスは、あたかも口がそこにあるかのような開口部をもっている。パンドラウイルス全体は、三重の膜のような構造によって包まれているが、どうもそれはこれまでのウイルスに特徴的な「カプシド」ではないようだ。

直径は、長い方でおよそ一マイクロメートル、すなわち小さなバクテリアほどの大きさがあり、短い方でもおよそ〇・五マイクロメートルもある。ミミウイルスなどがそうであるように、パンドラウイルスもまた、ゆうに光学顕微鏡でその姿が覗けるほどの大きさがある。

パンドラウイルスは、アカントアメーバに感染する際、アメーバの細胞膜に由来する小胞の中に閉じ込められるようにして内部に入り込み、やがて開口部を通して、小胞の膜と自らの膜を融合させ、細胞の細胞質とつながる。そうして、ウイルス内部にあるタンパク質やDNAを、アカントアメーバの細胞質へと放出するのだ。この方式は、ミミウイルスのそれとさほど違いはない。

パンドラウイルスのゲノム

パンドラウイルスが発見されるまで、もっとも大きなゲノムサイズをもつウイルスはメガウイルスで、一二六万bpという大きさだった。またタンパク質を作る遺伝子の種類も一一二〇個と、これもこれまでのウイルス中最大の種類数を誇っていた。

ところが、パンドラウイルスは、それをさらに大きく上回ることがわかった。とくに大きかったのは二つのパンドラウイルスのうち「パンドラウイルス・サリヌス」で、驚くべきことに、そのゲノムサイズはおよそ二四七万bpもある。ゲノムサイズが二〇〇万塩基対を超えたのは、ウイルスではパンドラウイルスが初めてだ。

さらに、タンパク質を作る遺伝子の種類も二五五六個と、メガウイルスの二倍以上もあることがわかった。

もう一種類の「パンドラウイルス・デュルシス」も、「パンドラウイルス・サリヌス」ほどではないが、ゲノムサイズが一九〇万bp、遺伝子も一五〇二個と、これもまたメガウイルスを大きく上回っていた。

これまで調べられている遺伝子の塩基配列やタンパク質のアミノ酸配列は、生物、ウイルスを含めてそのほとんどが、タンパク質配列データベース（たとえばNCBI：米国生物工学情報センターなど）に登録されている。新種の生物やウイルスが見つかり、そのゲノムが解析されて遺伝子の候補が見つかると、こうしたデータベースに登録されている既知の遺伝子との相同性（よく似ていて、祖先を同じくすると考えられること）が調べられるが、パンドラウイルスは、その形だけでなく、遺伝子もまた特殊であることが明らかとなった。

なんと、「パンドラウイルス・サリヌス」の二五五六個の遺伝子のうち、じつに二〇〇〇個以上が、データベース中に相同な配列が見つからなかったのである（図18）。他の生物やウイルスと相同性が見つかったのは四〇一個のみであり、その内訳は、真核生物と相同性のある遺伝子が三〇〇個、細菌と相同性のある遺伝子が五八個、ほかのウイルスと相同性のある遺伝子が四三個にすぎなかった。このことは、パンドラウイルスのゲノムが、ほかのどのウイルス——アカントアメーバに感染するウイルスも含めて——とも異なる系統のものであることを示唆している。

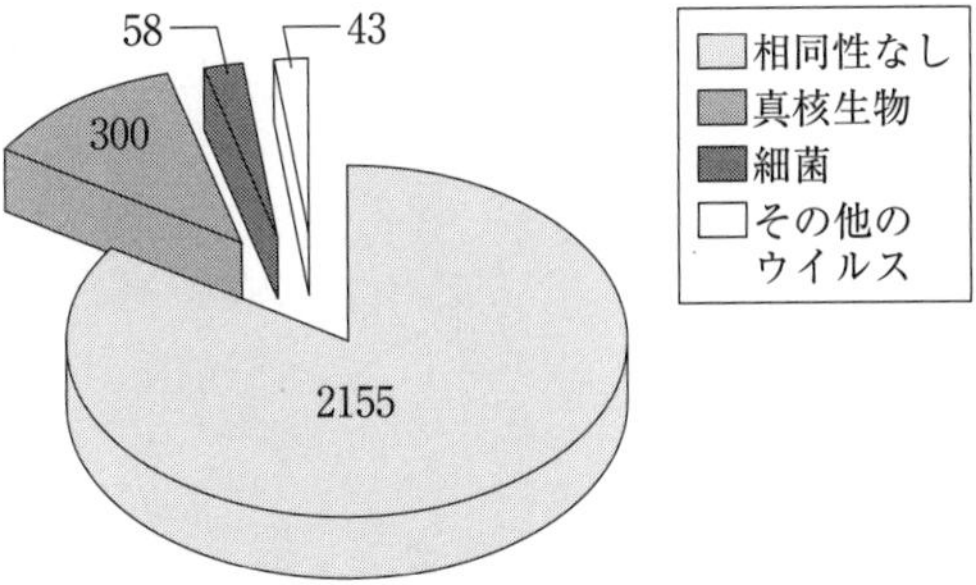

図18　パンドラウイルス遺伝子の他生物等との相同性
パンドラウイルス・サリヌスの2556個の遺伝子が、どの生物（あるいはウイルス）と相同性を有しているか、その内訳を示している

細胞の核を利用して複製する

ミミウイルスやメガウイルスなどの巨大ウイルスは、宿主の細胞の核には依存せず、細胞質で増殖する——核内にも入り込むが、核膜を破壊することはない

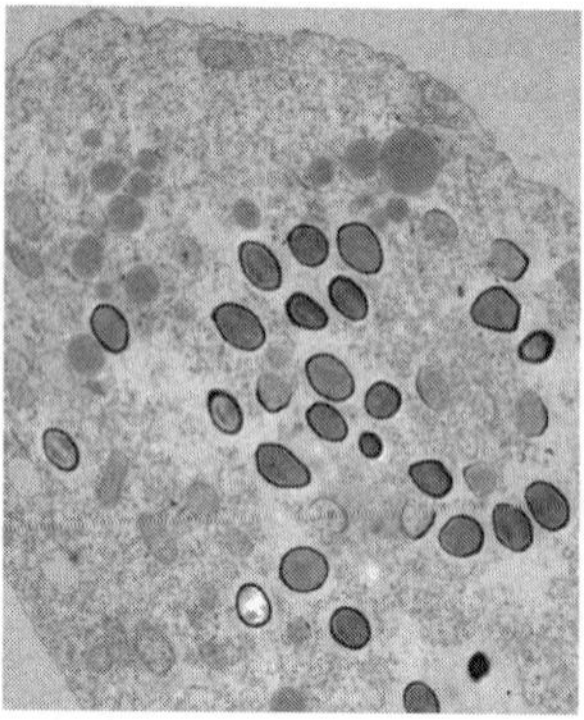

図19　アカントアメーバ中のパンドラウイルス
さまざまな成熟段階のパンドラウイルスが見てとれる。アカントアメーバの細胞核（核膜）はすでに見当たらない
［出典：Philippe N et al. (2013) *Science* 341, 281-286.］

――。しかし、パンドラウイルスはどうやらそうではないらしい。

パンドラウイルスは、細胞による貪食《どんしょく》作用によって内部へと取り込まれる。貪食とは、細胞が細胞膜を使って、包みこむように食物やウイルスなどを細胞内に取り込むことをいう。

取り込まれたパンドラウイルスは、一方の端にある「口」が壊れ、その内部にあった脂質二重膜が細胞の膜と融合し、中身が細胞質へと放出される。

パンドラウイルスが感染してしばらくすると、通常のウイルスと同じように「暗黒期」が現れ、ウイルス粒子は消えてなくなる。ところが、消えてなくなるのはそれだけではない。宿主の細胞核、言い換えれば細胞核を細胞核たらしめている「核膜」すらも、消えてなくなってしまうのだ。そして、やがてその「宿主の細胞核の跡地」から、新たなパンドラウイルス粒子が出現してくるのである（図19）。

パンドラウイルスは他の巨大ウイルスとは異なり、感染した宿主細胞の核内構造を何らかの形で利用して、増殖するらしい。「複製」用、「転写」用の遺伝子が一通り揃っているにもかかわらず、なぜパンドラウイルスは、わざわざ宿主の細胞核をぶっ壊す必要があるのだろうか。パンドラウイルスが細胞核をぶっ壊し、そこでいったい何をしているのか、そのしくみはまだよくわかっていない。

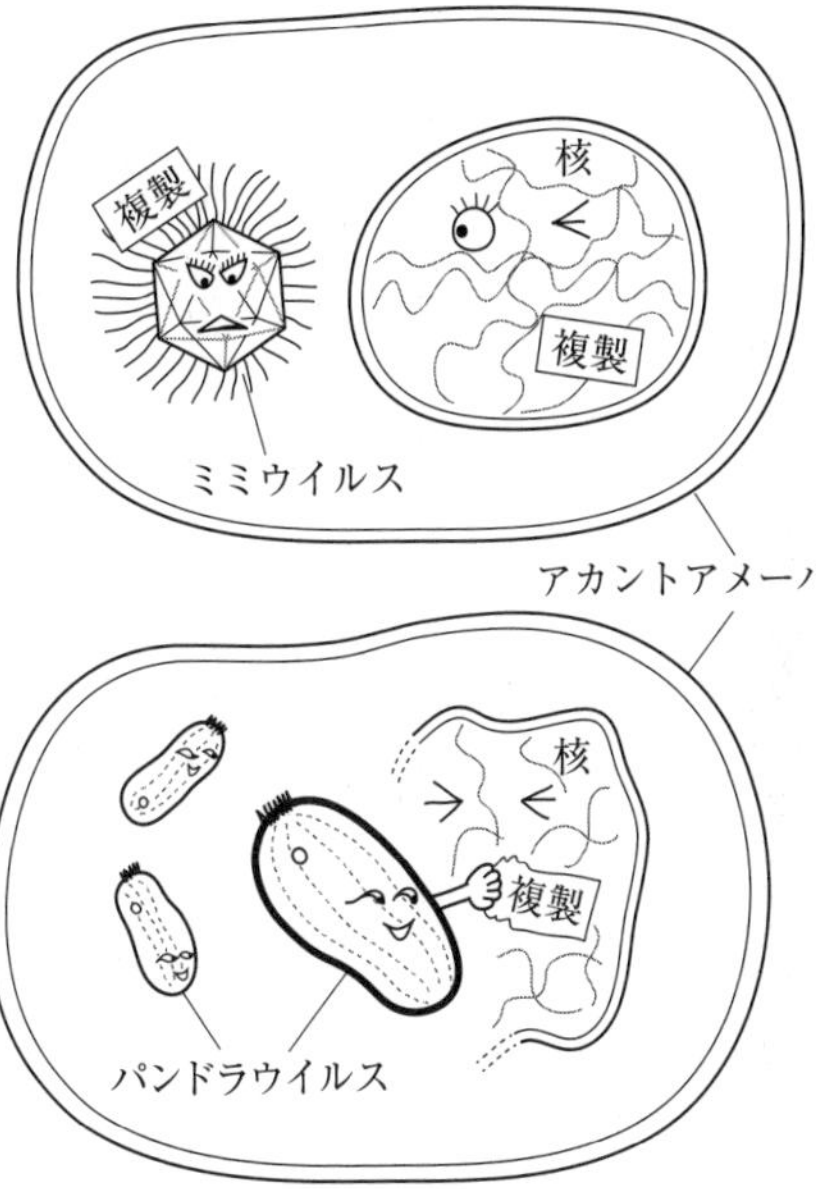

図20　パンドラウイルスの「複製」の宿主への依存度は、ミミウイルスよりも高い？

ただ、パンドラウイルスのゲノム解析から、これまでの巨大ウイルスでは見つかっていた「複製」用の遺伝子のうち、いくつかの重要なタンパク質の遺伝子がパンドラウイルスには存在しないことがわかった。ＤＮＡポリメラーゼをＤＮＡに結びつけるのに重要な「ＰＣＮＡ」、複製されるに従って蓄積されるDNAの負のトポロジーを解消するための「トポイソメラーゼ」などの遺伝子である。

おそらく、パンドラウイルスの「複製」は、ミミウイルスやポックスウイルスなどの「複製」よりも宿主細胞核への依存度が高いのであろう（図20）。

パンドラウイルスにも「翻訳」用遺伝子は見つかっているが、そのうち「アミノアシルtRNA合成酵素」の遺伝子は二種類のみであり、しかもそれはほかの巨大ウイルスの遺伝子よりも、宿主であるアカントアメーバの遺伝子に似ているという。

パンドラウイルスは、特徴や性質が他の巨大ウイルスとはどことなく違うのだ。じつに不思議なウイルスである。

1-5 眠りから覚めた超巨大ウイルス

三万年前の永久凍土の中で

せいぜい一〇〇年程度の寿命しかない私たちヒトからすれば、三万年も生き続けるなどという芸当は、とうてい不可能にしか思えないだろう。

とはいえ、一昔前のＳＦ小説やＳＦ映画などにあったように、不治の病気にかかった人間の肉体を、何らかの凍結技術によって半永久的に保存し、将来その病気を治すことができるようになったときに蘇生させる、というような事態を想定すると、あながち三万年という時間はそう長くは感じられないかもしれない。

永久凍土というのは、その名の通り、夏になっても溶けない凍った土のことであるが、基本的には土壌なので、土壌中に生息する微生物などは、こうした永久凍土の中にも数多く発見される。ミミウイルスやパンドラウイルスなどが発見されたアカントアメーバもまた、土壌中に非常に多く生息する一般的な微生物であるが故に、永久凍土にも数多く生息すると考えられる。

正確にいうと、アカントアメーバはある環境中では「シスト（cyst）」とよばれる胞子のような形態をとることが知られており、休眠状態となって、永く生き続けることができるようだ。

その、シベリアの永久凍土の中にひっそりと生きていたアカントアメーバの中にもまた、驚くべき巨大ウイルスが、これまたひっそりと息を潜めていたのであった。

神からパンドラへと手渡された「壺」

ギリシャ神話で、大神ゼウスがエピメテウスに与えた最初の人間の女性であるパンドラに、ゼウスが手渡した「箱」。パンドラがこの「箱」を開けてしまったために、さまざまな醜い感情が飛び出し、人間界を覆い尽くすこととなったのであったが、それはじつは「箱（函《はこ》）」ではなく、どちらかと言えば「壺（もしくは甕《かめ》）」と形容すべきものだったらしい（図21）。

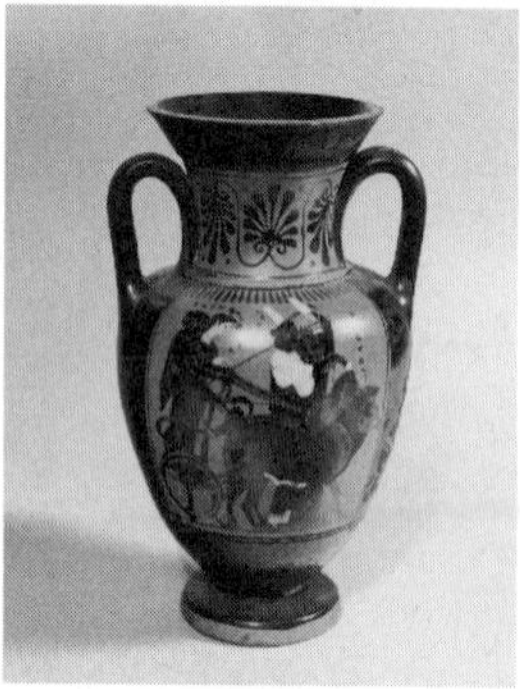

図21　アンフォラ
［写真：DeA Picture Library/PPS］

この壺は「アンフォラ」とよばれるものの一つで、持ち手が二つついた首の細長い陶器の壺のことである。古代ギリシャでは、さまざまなものを運搬したり保存したりするために使われた、非常に一般的な道具であったという。その中でも非常に大きなものをギリシャ語で「ピトス（ピソス）」（pithos）といい、貯蔵用に適していたという。

このピトスの名が、シベリアの永久凍土から発見された新しい巨大ウイルスに対して与えられた。

ピトウイルス（Pithovirus）である。

二〇一四年、『アメリカ科学アカデミー紀要』に報告されたこの論文は、やはりパンドラウイルスと同じく、フランスの微生物学者シャンタール・アベルジェル、ジャン＝ミシェル・クラヴリのグループにより出されたものであった。

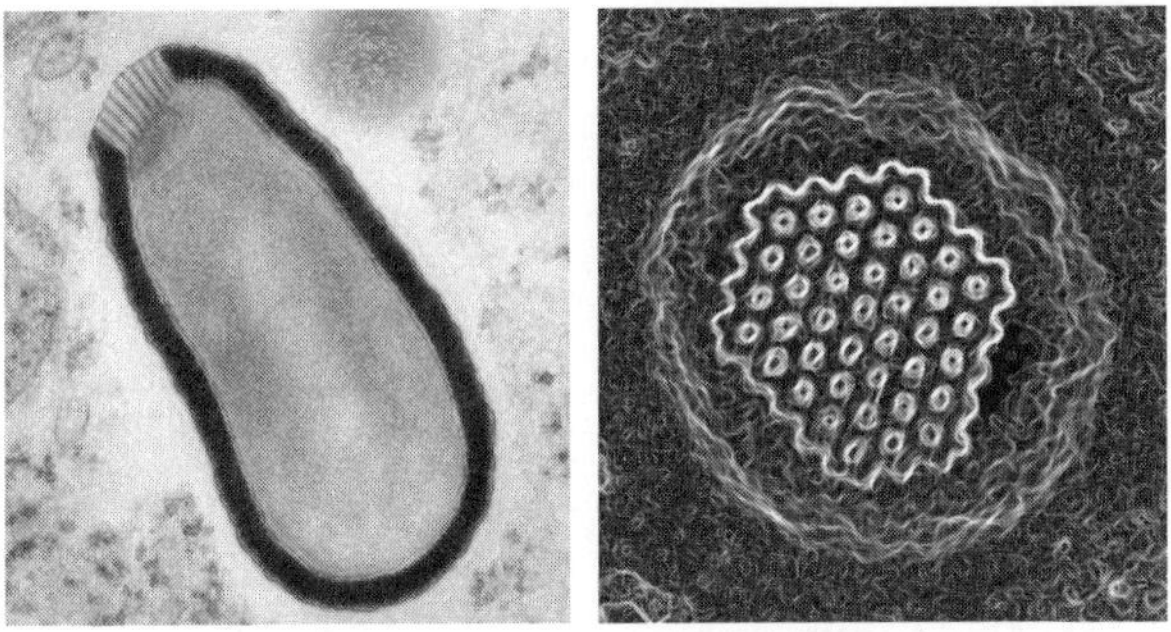

図22　ピトウイルス
（左）ピトウイルスの全体像。（右）開口部を正面から見たもの。規則正しいメッシュ状構造をしている
［写真：Chantal Abergel IGS, CNRS-AMU］

はたしてこのネーミングは、その形がピトスに似ているからなのか、それともその生物であるかのようなボディーの中に、さまざまな「醜悪な特徴」が隠されていたからなのか？

ピトウイルスの構造

この新しく発見された巨大ウイルスの、電子顕微鏡により明らかにされた形状は、パンドラウイルスに非常によく似ている。

二〇面体の「ウイルスチックな」形ではなく、いびつな卵形の体。黒く浮き上がった分厚い被膜と、一端に存在する開口部。明らかにパンドラウイルスと同じである（図22）。

ただ、その被膜はパンドラウイルスのそれとは若干違う形をしているようだ。電子顕微鏡で見ても、パンドラウイルスのように三層の膜からできているようには見えず、その六〇ナノメートルほどの分厚い被膜は、縦方向に、一〇ナノメートル間隔で平行に並んだ無数の筋のようなものを浮かび上がらせている。

ピトウイルスの開口部は、きれいな格子状、メッシュ状の構造をしている（図22右）。まるでその口を、排水溝のフタでふさがれているような塩梅だ。

そして驚くべきことに、ピトウイルス粒子は、長い方の直径がおよそ一・五マイクロメートルと、パンドラウイルスの一・五倍もの大きさを誇り、短い方の直径はおよそ〇・五マイクロメートルほどもあった。

ピトウイルスのゲノム

論文の著者たちは言う。
アカントアメーバに感染する、これまでに知られている巨大ウイルスは、粒子の構造、ゲノムの特徴、そして複製戦略という観点から、二つの全く異なるタイプのものに分類されてきた。しかし、私たちはここに、「ピトウイルス」と名付けた第3のタイプの巨大ウイルスについて報告する。それは、パンドラウイルス様の粒子をもつけれども、二〇面体タイプの他の巨大ウイルスと同様な複製サイクルとゲノムの特徴をもつ。（著者訳）
ピトウイルスは、粒子の特徴はパンドラウイルスに近いが、ＤＮＡとその振る舞いは、他の巨大ウイルス、たとえばマルセイユウイルスやメガウイルスに近い、という。なぜならそのゲノムサイズは、「パンドラウイルス・サリヌス」のゲノムサイズが二四七万bpほどもあるのに対し、ピトウイルスは六一万bpそこそこと、パンドラウイルスの四分の一以下という小ささだったからである。

遺伝子の数も、パンドラウイルス・サリヌスの二五五六個よりもさらに少なく、たった四六七個である。ミミウイルスが見つかるまでは、四六七個といったらウイルスとしてはすごく多かったはずだが、いまでは逆に「すごく少ない」と思われてしまうのが気の毒だ。

パンドラウイルスのときと同様に、データベースに登録されている遺伝子の配列との比較が行われたが、これまた非常に興味深いことがわかった。まず、そのパンドラウイルス様の外見から、当然多いだろうと考えられたパンドラウイルスと相同性のある配列が、四六七個の遺伝子のうちの、たった五個だけだったのである。

それよりもピトウイルスは、パンドラウイルス以外の巨大ウイルスと相同性のある遺伝子を多数――マルセイユウイルスとは一九個、メガウイルスとは一五個の遺伝子の相同性が高かった――もつことがわかった。

とはいえ、四六七個のうち、三分の二にあたる三一五個の遺伝子は、データベース中に相同な配列が存在しなかった。この状況は、パンドラウイルスの場合とよく似ている（図23）。

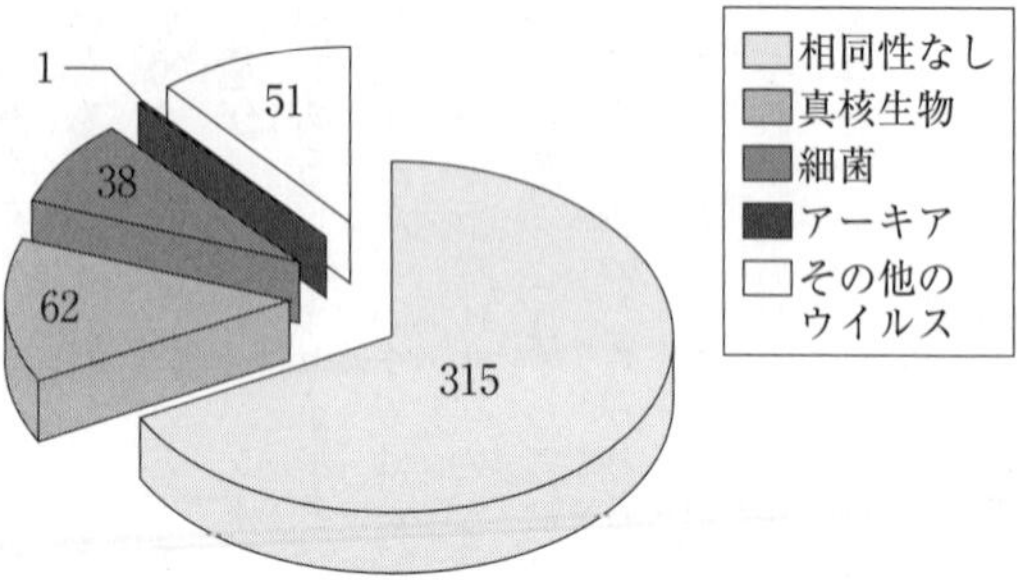

図23　ピトウイルス遺伝子の他生物等との相同性
ピトウイルスの467個の遺伝子が、どの生物（あるいはウイルス）と相同性を有しているか、その内訳を示している

そして、ピトウイルスには、「複製」、「転写」用の遺伝子は見つかったが、「翻訳」用の遺伝子に関しては、クロレラウイルスを含め多くの巨大ウイルスが保有しているtRNA遺伝子さえ、見つからなかった。

論文の著者も指摘していることだが、同じ程度のゲノムサイズ、遺伝子数をもつ「フェオキスティス・グロボサウイルス」（Phaeocystis globosa virus）は直径が〇・一五マイクロメートルほどの二〇面体ウイルスであるから、ピトウイルスがいかに「無駄にでかいか」がわかろうというものである。

ピトウイルスの「行動」

ピトウイルスも、パンドラウイルスと同様に、宿主となる細胞の貪食作用によって細胞内に取り込まれた後、先端にあるメッシュ状の「口」にあたる（と思われる）部分が壊れ、内側の脂質二重膜が飛び出して、細胞の膜と融合する。そうしてピトウイルスの「中身」が、細胞質へと放出される。

パンドラウイルスと大きく異なるのは、ピトウイルスは宿主の細胞核（核膜）を破壊することなく増殖する、ということである。核膜を破壊しないままで、細胞質に大きな「ウイルス工場」（後述）を作り、そこでDNAを複製し、ウイルス粒子を形成する。

そしてウイルス粒子は、その特徴的な「口」の部分を含めた細長い桿《かん》状の構造が作られた後、その壁が分厚くなり、成熟する。

いったいなぜ、ピトウイルスはこれほどまでに大きいのか？

なぜその大きさはパンドラウイルスを凌ぐほどであるにもかかわらず、ゲノムサイズはパンドラウイルスよりもはるかに小さいのか？　そして、なぜ外見上の相同性と、ゲノムの相同性が、こうも一致しないのか？

これらの巨大ウイルスはまるで、生物（とウイルス）のもつ不思議さ、そしてそれらの関係の複雑さを、そのまま体現しているように思える。

このあたりの議論は、本書第4章で再び行うこととして、次章では、これら巨大ウイルスがもたらした生物学上の新しい概念について紹介していこう。

第2章

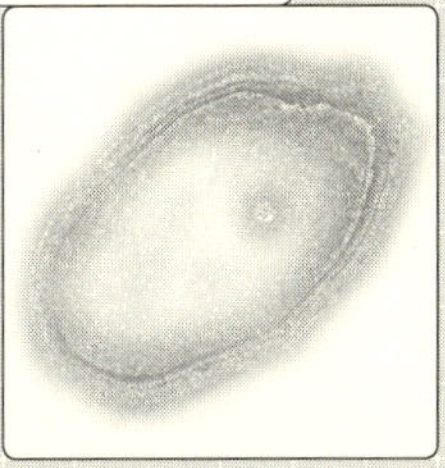

New Life Form

第4のドメインとは何か

これまで見たことのないものを目の当たりにすると、人々はたいてい、恐怖の念を覚えたり、戸惑ったり、あるいは感動したりする。そうした感動は、研究者が生物の新種を発見したときのたとえようもなく味わい深い感動と、おそらく同じものであろう。

さらにその新種が、種レベルでの新種ではなく、科レベルや門レベル、そして界レベルの新種だとしたらどうだろう?

ミミウイルスやパンドラウイルスがもたらしたのは、もしかしたらそれ以上のレベルにおける、全く新しい生物かもしれないという、研究者の偽らざる期待なのであった。

2-1 核細胞質性巨大DNAウイルス

新たな巨大ウイルスのグループ

ミドリゾウリムシに共生する単細胞緑藻であるクロレラに感染する「クロレラウイルス」、天然痘の原因として知られる「ポックスウイルス」など、二〇世紀までにもかなり大型のDNAウイルスが知られていたが、二一世紀に入ると、こうした大型のDNAウイルスのゲノムが続々と解読されてきた。

二〇〇一年には、褐藻類に感染する「褐藻ウイルス」(Ectocarpus siliculosus virus) のゲノム（三四万bp）が、二〇〇三年にはクロレラウイルスの一種ＰＢＣＶ‐１のゲノム（三三万bp）が、そして二〇〇五年には円石藻という藻類の仲間に感染する「円石藻ウイルス」(Coccolithovirus) のゲノム（四一万bp）が、それぞれ解読された。

こうした大型のＤＮＡウイルスのゲノムには、「複製」用の遺伝子や「転写」用の遺伝子だけでなく、他にも多くの遺伝子が存在することが明らかとなってきた。たとえば、ＤＮＡの組換えや修復を行うための遺伝子、核酸（ＤＮＡやＲＮＡのこと）の代謝に関わる遺伝子などである。核酸の代謝など、宿主細胞に任せておけばよいにもかかわらず、彼らはきちんと、これらの遺伝子をもっているのだ。

そして、二〇〇三年、ミミウイルスが発見された。そのゲノムからは、それまでのウイルスには見つかっていなかった「翻訳」用の遺伝子の一部、アミノアシルｔＲＮＡ合成酵素遺伝子が初めて発見された。

改めてこうした大型のＤＮＡウイルスを俯瞰《ふかん》してみると、これらのウイルスは、それまでのウイルスとは一線を画す特徴を有していることがわかった。そのため、二〇〇六年、米国国立衛生研究所（ＮＩＨ）のエル・アラヴィンドの研究グループが、これら大型のＤＮＡウイルスについて、核細胞質性巨大ＤＮＡウイルス（nucleo-cytoplasmic large DNA virus：ＮＣＬＤＶ）という名を付けてまとめることを提案した。本書では、これを「巨大DNAウイルス」とよぶことにする。巨大DNAウイルスには、ポックスウイルスやクロレラウイルスをはじめ、これまで述べてきたミミウイルス、マルセイユウイルス、メガウイルス、パンドラウイルス、ピトウイルスなどが含まれる。

巨大DNAウイルスの特徴とは？

巨大DNAウイルスの特徴は、その複製に関していえば、宿主細胞の細胞核ならびに細胞質で複製が行われ、最終的に宿主細胞の細胞質でウイルス粒子が成熟することである。

巨大DNAウイルスは、自ら「複製」と「転写」の遺伝子を揃えているため、基本的には宿主細胞の細胞核の機能には依存せず（その一時期を細胞核で過ごすにもかかわらず）、「翻訳」以外の過程を遂行することができる（パンドラウイルスのような例外もある）。

構造的な特徴としては、数十万bpという、小さな細菌なみのゲノムサイズをもっていること、数百個以上ものタンパク質を作る遺伝子数を誇ること、そして、ウイルス粒子内（カプシドの内側）に脂質二重膜をもつことが挙げられる（図24）。

巨大DNAウイルスが宿主とする生物は極めて多様で、哺乳類、鳥類、両生類、魚類などの脊椎動物のみならず、昆虫、植物、藻類、アメーバなど、ほぼ全ての真核生物の仲間を宿主とするものが存在すると考えられる。もちろん、ある巨大ＤＮＡウイルスの宿主は基本的には一つ。つまり、それだけ多様な種類の巨大ＤＮＡウイルスがいるということだ。

したがって、当然といえば当然かもしれないが、巨大ＤＮＡウイルスのゲノム解析の結果、その保有する遺伝子のうち多くは、宿主の遺伝子を取り込んだものであると考えられている。ある生物（ここではウイルスも含む）の遺伝子が他の種類の生物（ここでもウイルスを含む）のゲノムに移る（コピーされる）ことを、遺伝子の「水平伝播」といい、巨大ＤＮＡウイルスの長い進化の過程では、数多くの水平伝播が起こってきたとされる。

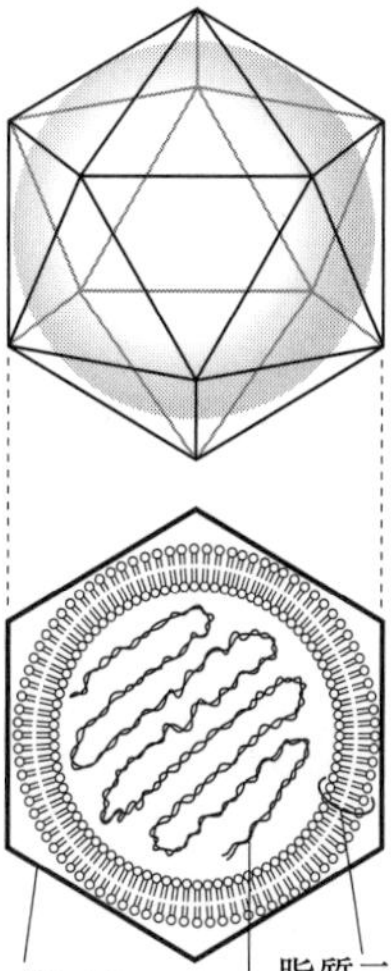

図24　巨大DNAウイルス（NCLDV）の基本的構造
ウイルス粒子の内側（カプシドの内側）に脂質二重膜をもつというのが特徴の一つ

ただし、「複製」、「転写」、「翻訳」用の遺伝子やカプシド形成に関わる遺伝子など、ウイルスにとって非常に重要な「コアとなる」遺伝子については、その由来が極めて古く、真核生物が誕生したあたりか、もしかするとそれ以前まで、起源をたどることができるようだ。

四一個のコア遺伝子

言い換えれば、全ての巨大ＤＮＡウイルスには、その共通の祖先がいたということである。現在、巨大ＤＮＡウイルスには六つ以上のグループ（科）が存在する。メインの六つは、「ポックスウイルス科」、「イリドウイルス科」、「アスファウイルス科」、「フィコドナウイルス科」、「ミミウイルス科」、そして「メガウイルス科」である。

これらの科の全てに共通する祖先がおり、その共通祖先からこれら多様な巨大ＤＮＡウイルスが進化してきたことが、ゲノム解析から明らかになってきた。

アラヴィンドの研究グループに所属する微生物学者ラシュミナラヤン・アイエルは、二〇〇六年、これらのうち五つの科に含まれる巨大ＤＮＡウイルスの分子系統解析を行い（当時はまだメガウイルスは発見されていなかった）、その共通祖先がもっていたであろう、巨大ＤＮＡウイルスの「コア遺伝子」を、四一個同定することに成功した（図25）。

この四一個のコア遺伝子は、大きく五つのカテゴリーに分けられる。「複製」に関わる遺伝子（八種類）、ヌクレオチド（ＤＮＡの材料）合成に関わる遺伝子（六種類）、「転写」に関わる遺伝子（一七種類）、ウイルス粒子形成に関わる遺伝子（九種類）、そして

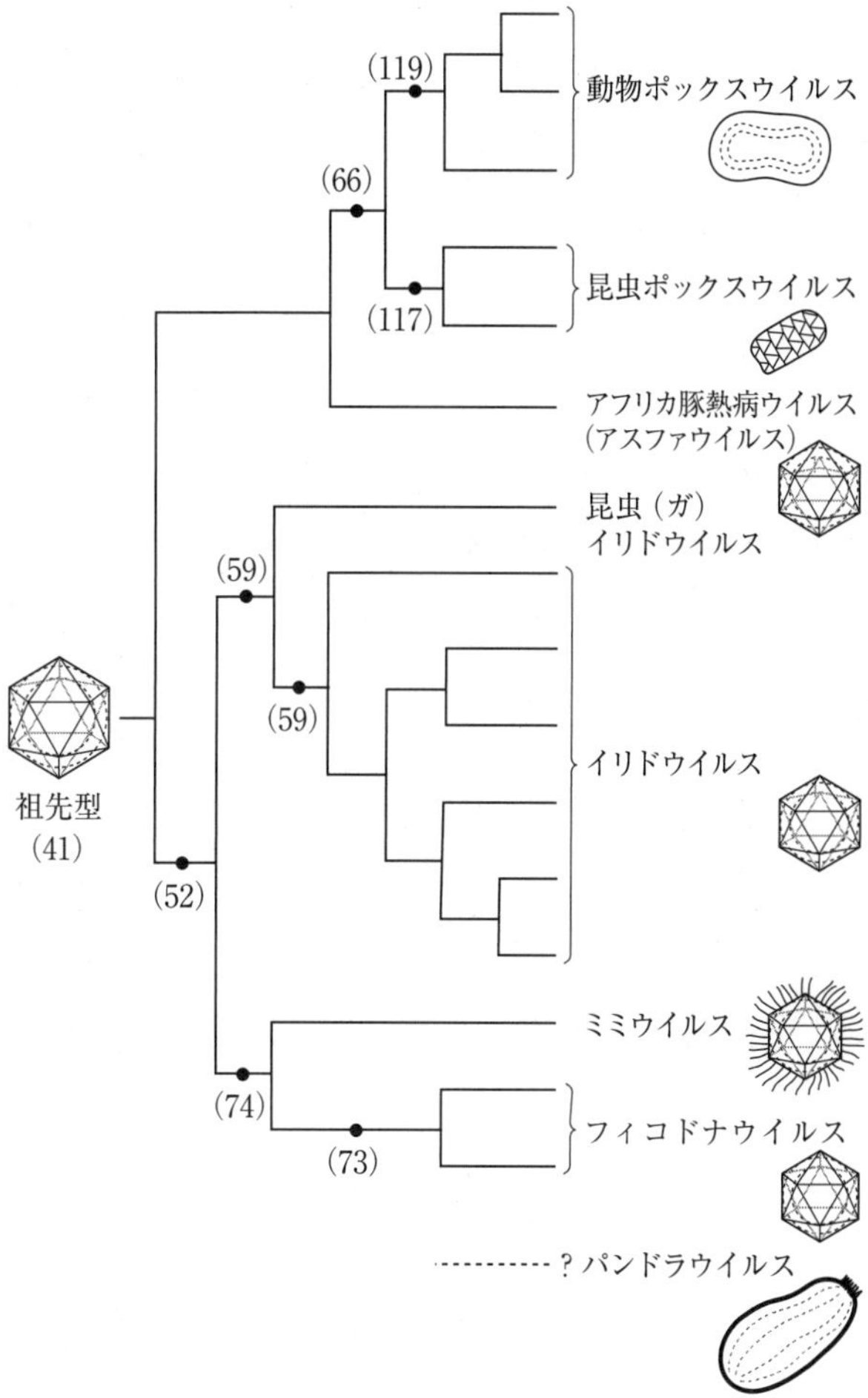

図25　巨大DNAウイルスの系統とコア遺伝子。図中のカッコ内の数字は、コア遺伝子ならびにそれに由来する遺伝子の数を表す
［出典：Iyer LM et al.（2006）*Virus Res.* 117, 156-184.］

宿主との相互作用に関わる遺伝子（一種類）、の五つである。
この共通祖先ウイルスが、宿主との相互作用の結果として、さまざまな遺伝子を水平伝播によって宿主から獲得し、多様性に富む巨大DNAウイルスワールドを形成してきたのではないかと考えられる。

脂質二重膜とカプシドとの関係

さきほど述べたように、巨大DNAウイルスの特徴の一つとして、ウイルス粒子内に脂質二重膜をもつことが挙げられる。「脂質二重膜」というのは、「リン脂質」という水にも油にも馴染みやすい「両親媒性」の性質をもつ脂質からできているもので、リン脂質が横に無数並んで二次元的な膜を作り、さらにその膜が二枚、油に馴染みやすい部分でぴたっと合わさってできた膜である。細胞膜も、核膜も、そしてミトコンドリアや葉緑体、小胞体などの細胞小器官の膜も、全てこの「脂質二重膜」でできている。

インフルエンザウイルスやエイズウイルスなどのエンベロープ（図9参照）をもつウイルスは、ゲノム（これらの場合はRNA）のすぐ外側をタンパク質であるカプシドの殻が覆い、その外側を脂質二重膜でできたエンベロープが覆うという形をしている。

外側にエンベロープがあるので、基本的にはこれらのウイルスは、アルコールやせっけんなど

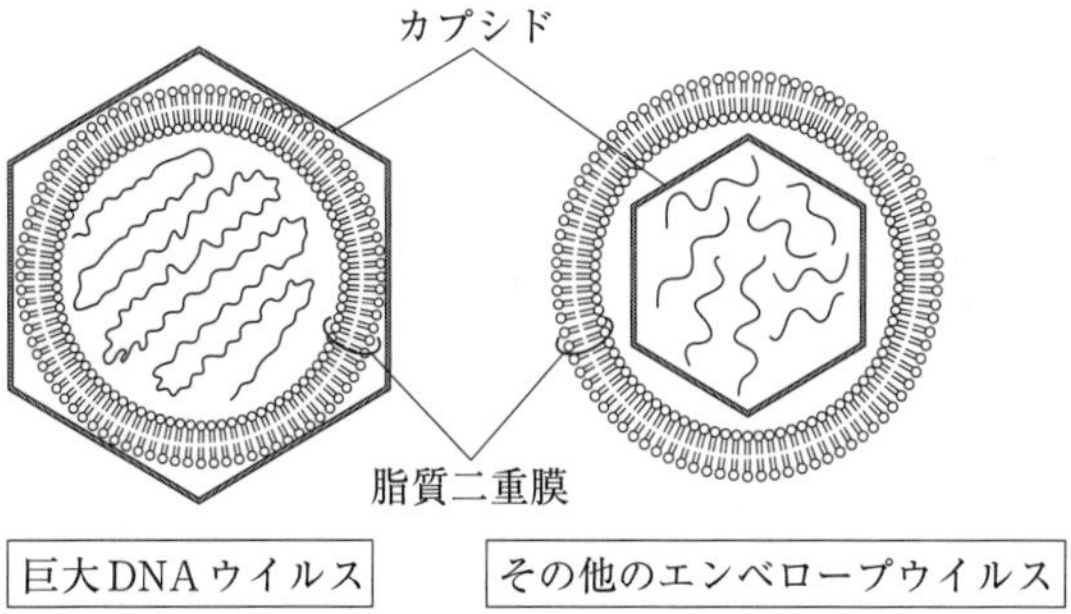

図26　巨大DNAウイルスとその他のエンベロープウイルスの違い
巨大DNAウイルスではカプシドの内側に脂質二重膜がある

でよく処理することで殺すことができる（ウイルスが生物でないなら、「殺す」というよりもむしろ「破壊する」が適切かもしれないが）。

しかし巨大ＤＮＡウイルスは、エンベロープがあるにはあるが、「ウイルス粒子内に脂質二重膜をもつ」と述べたように、インフルエンザウイルスなどと違って、カプシドの内側に存在するのである（図26）。

たとえばミミウイルスの場合、ウイルス粒子のもっとも内側に一二〇万bpにも及ぶ長さのゲノムＤＮＡがあり、それを脂質二重膜でできたエンベロープが覆っている。ただし、これらを「エンベロープ」とよぶべきかどうかは議論の余地があるように思われる。エンベロープ（封筒）というと、ウイルス粒子全体を外側から覆っているというイメージがあるからだが、このあたりは今後の議論にゆだねよう。

そして、その「エンベロープ」の外側を、種類の異なるタンパク質からできた殻が三層にもわたって取り囲んでいるわけだ。

「原核生物」である細菌は、DNAがもっとも内側にあり、その外側を脂質二重膜でできた「細胞膜」によって囲まれ、さらにその外側を、ペプチドグリカン（ペプチドと糖質からなる物質）でできた細胞壁によって覆われている。ありていにいえば、巨大DNAウイルスも、それと同じスタイルであるといえる。

もちろん、厳密には同じではないが、巨大DNAウイルスと細菌との間には外見上の類似性があるということはできよう。

このことは本書においては重要なポイントであるが、これについてはまた第三章で取り上げる。

2-2 生物の分類とrRNA遺伝子

New Life Form

多様な生物の世界をどう分けるのか

アリストテレス（前三八四～前三二二）以来、生物学者たちは数多くの生物を観察し、ノートに書き留めて記録し続けてきたし、ある者は、それらのうちいくつかはお互いによく似ていること、いくつかは全く異なることなどを発見し、それをもとに「分類」しようとしてきた。

そもそも「お互いに似ている」とはどういうことだろう？　これまで人間は、何を基準に、「お互いに似ている」、「似ていない」、「仲間だ」、「仲間ではない」などと判断してきたのだろうか？

じつは、時代の変遷とともに、その基準もまた変化してきた。

以前は、かなりの部分、「見た目」がものをいった。外見がよく似ているもの同士、あるいは見た目の動き、特質がよく似ているもの同士を「仲間」であるとみなしていた。

たとえば、カラスとスズメは同じ「仲間」である。両者とも羽毛があり、空を飛ぶ。嘴があり、それでエサをついばむ。二本の足があり、それで歩く。色と大きさは大きく異なるが、それ以外のほとんどの要素において両者はよく似ているから、どちらも「スズメ目」という同じ仲間に属する、というわけである。

生物の分類は、もっとも基本となる「種」から始まり、「属」、「科」、「目」、「綱」、「門」、「界」というふうに、上位に向かってくくられる決まりになっている。つまり、よく似た種同士をまとめて「属」とし、さらによく似た属同士を「科」としてまとめる。これを繰り返し、最後に「界」（kingdom）というくくりでまとめる。その結果として、地球上の生物の世界はいくつかの「界」で構成されることになる（図27）。

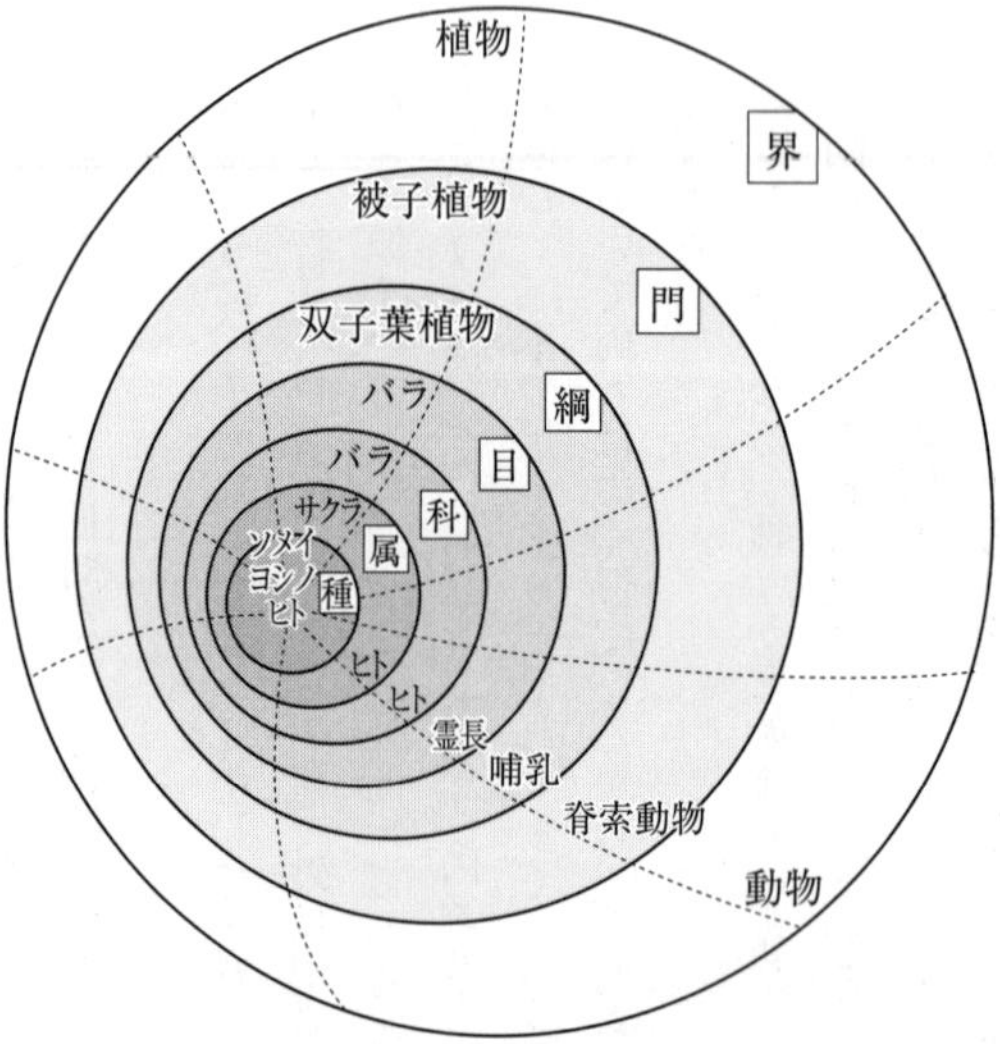

図27　生物の世界の分類

すべての生物は、いずれかの界、いずれかの門、いずれかの綱、いずれかの目、いずれかの科、いずれかの属に含まれる種である。ただし、ウイルスはその限りにあらず新しく、これまでにない生物が発見されたとき、研究者はこれに則って、その生物がどの界、どの門、どの綱、どの目、どの科、どの属に含まれるのかを検討し、「学名」（属名と種名〔種小名〕からなる）を付けて分類するのである。

見た目からDNAへ

しかしながら、「見た目」で判断する分類法は、じつは生物たちの〝思うツボ〟だったようだ。なぜなら、生物たちの中には「見た目」を駆使して、天敵をまんまと騙す連中がいるからである。

たとえば、「アリグモ」という名前のクモがいる。このクモは全身がアリのように黒く、通常はほぼ一体化している頭胸部の真ん中がくびれてアリのように頭部と胸部に分かれているかのように見せ、さらにいちばん前の肢を高く上げてあたかもアリの触角のように見せている。その結果、アリグモは見た目がアリそっくりなのだ（図28）。

私たち人間だって生物だから、見た目に騙されることはよくある。しかしながら、見た目ではなく、きちんとした、いわば「人間でないとわからない」方法や基準で分けることができれば、狡猾な生物たちの擬態的戦略をものともせず、生物たちを客観的にきちんと分けることができるはず。

図28　アリとアリグモ
(左) 左側の大きい方がアリグモで、右側の小さい方が〝ほんもの〟のアリ
(右) 電子顕微鏡で見たアリグモの顔。アップになると、確かにクモだ。さすがに化粧まではしないらしい
[写真：(左) 山野井貴浩氏　(右)SPL/PPS]

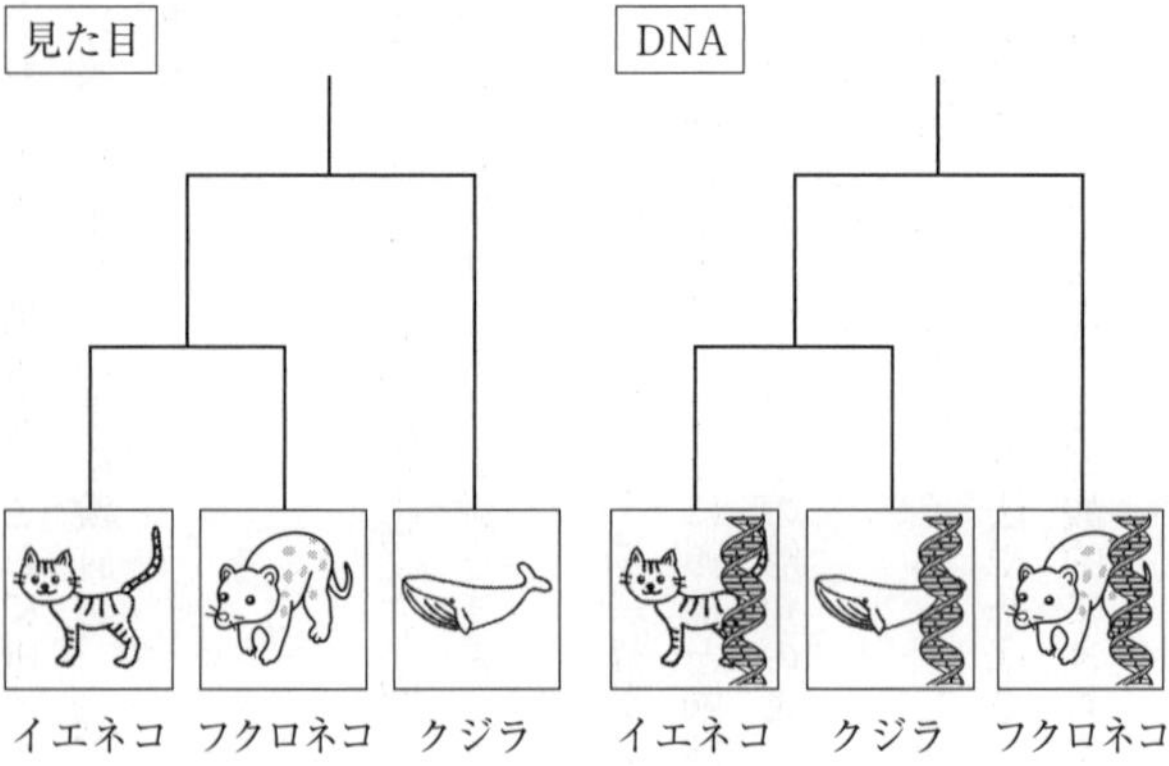

図29　見た目とDNA
イエネコ、フクロネコ、クジラ。この三つの種を外見から判断すれば、ほとんどの人がイエネコとフクロネコが、クジラよりも近縁であると思うだろう。しかし実際には、フクロネコは有袋類(お腹の袋で子を育てる哺乳類) だから、そうではないイエネコとクジラの方が、フクロネコよりも近縁だったりするのである。DNAを使って系統を調べると、それがよくわかる
[イラスト：風間智子]

その基準が、DNAである。

いまのところ、地球上の生物の中で、DNAのことをきちんと理解し、その「遺伝情報」を利用することができるのは私たち人間だけだ。

DNAに書き込まれた「遺伝情報」とは、物質的にいえばアデニン（A）、グアニン（G）、シトシン（C）、チミン（T）という四種類の「塩基」がずらりと並んだ「塩基配列」である。種が違えば、同じはたらきをする遺伝子同士であっても、その塩基配列は少しずつ違う。進化的に近い種であればその違いは小さく、遠い種であればその違いは大きくなるのが普通である。

この違いを利用して、生物を分類するのだ。その結果、「見た目」だけでは予想がつかなかったほど、近いと思われていた生物同士が遠く、遠いと思われていた生物同士が近いということがわかってくる（図29）。

ただ、DNAだったらどの部分を使ってもいい、というわけにはいかない。「どの部分を使うか」が、重要となる。

なお、このように書いてくると、現在すべての生物の分類はDNAを基準にして行われていると思われてしまうかもしれないが、外見の精密な観察によって分類が行われている分野もたくさんある。たとえば魚類学において、形態の観察は欠かせない。DNAだけがすべてというわけではないということも、ここで付け加えておきたい。

生物の分類名としてよく人口に膾炙しているものは何かといえば、やはり「動物」と「植物」だろう。

五界説

歴史的な経緯として、そもそも生物学は、昔は「動物学」と「植物学」に大きく分かれていた、ということもある。またわが国の現在の教育課程を見るに、小学校の理科で初めて学習する生物学的内容は、まずは「動物」と「植物」の成長や体のつくりからスタートする。なお、ここでいう「動物」には、哺乳類など脊椎動物だけでなく、昆虫も含まれる。事実、小学校三年生で学習するのはまず昆虫の成長・体のつくりである。

細胞について学ぶとき、「動物細胞」と「植物細胞」に大きく分けて学習することは現在でもよく行われているし、生物学関係の諸学会も、「○○動物学会」「動物○○学会」や「○○植物学会」「植物○○学会」など、動物と植物に分けられていることが多い。

この、極めて馴染み深い「動物」と「植物」、これに加えて「菌」、「原生生物」、「原核生物（モネラ）」というふうに、生物を五つのグループ（界）に分ける方法が、二〇世紀後半には、生物学における主要な分類の考え方であった。これを「五界説」という（図30）。

五界説は、一九六九年、生物学者ロバート・ホイタッカー（一九二〇〜一九八〇）により提唱

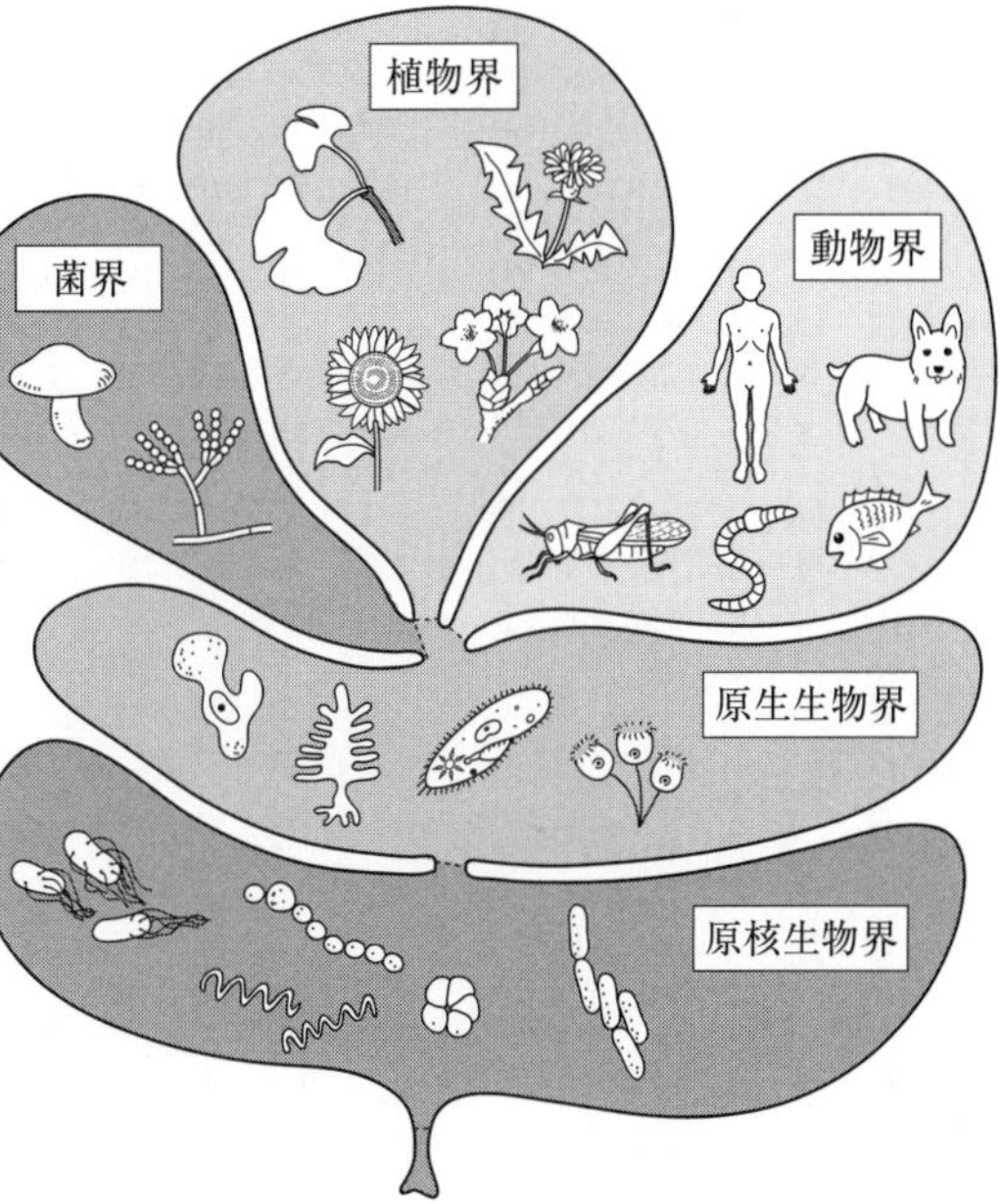

図30　五界説
原核生物界には、大腸菌や納豆菌、メタン生成菌など、一般的に「バクテリア」と呼ばれるものが含まれる。それ以外はすべて真核生物であり、菌界にはキノコ、カビ、酵母などが含まれ、植物界には植物が含まれ、動物界には脊椎動物、昆虫、軟体動物などが含まれる。原生生物界には、これら三つの界には分類されない「その他大勢」が含まれる

され、後にリン・マーギュリス（一九三八〜二〇一一）により発展した説である。

しかし、やがてDNAの解析技術が発展すると、五界説では必ずしも合理的に分類できないものがあることがわかってきた。

とりわけ、五界説において「モネラ界」とひとくくりになっていた原核生物（いまでいう細菌と古細菌）の世界が、それほど単純なものではないということがわかってきたのである。その解析に使われたのが、本書の冒頭で「ブラッドフォード球菌」がじつはウイルスであることがわかるきっかけとなった、「rRNA遺伝子」なのだ。

分子時計としてのrRNA遺伝子

全ての生物がもっている遺伝子のうち、生物の進化と、それぞれの生物同士の進化的関係（これを「系統」という）を語るうえで、その重要度のもっとも高いものの一つが、タンパク質を合成する装置「リボソーム」に関する遺伝子である。

リボソームについてはすでに何度となく述べてきたが、ここでもう一度復習しておくと、リボソームは数種類のrRNA（リボソームRNA）と数十種類のリボソームタンパク質からなる粒子であり、mRNAに転写されたアミノ酸配列の情報を読み取り、tRNAが運んできたアミノ酸をつなげていく装置である（1-2節も参照）。簡単にいえば、タンパク質合成装置である。

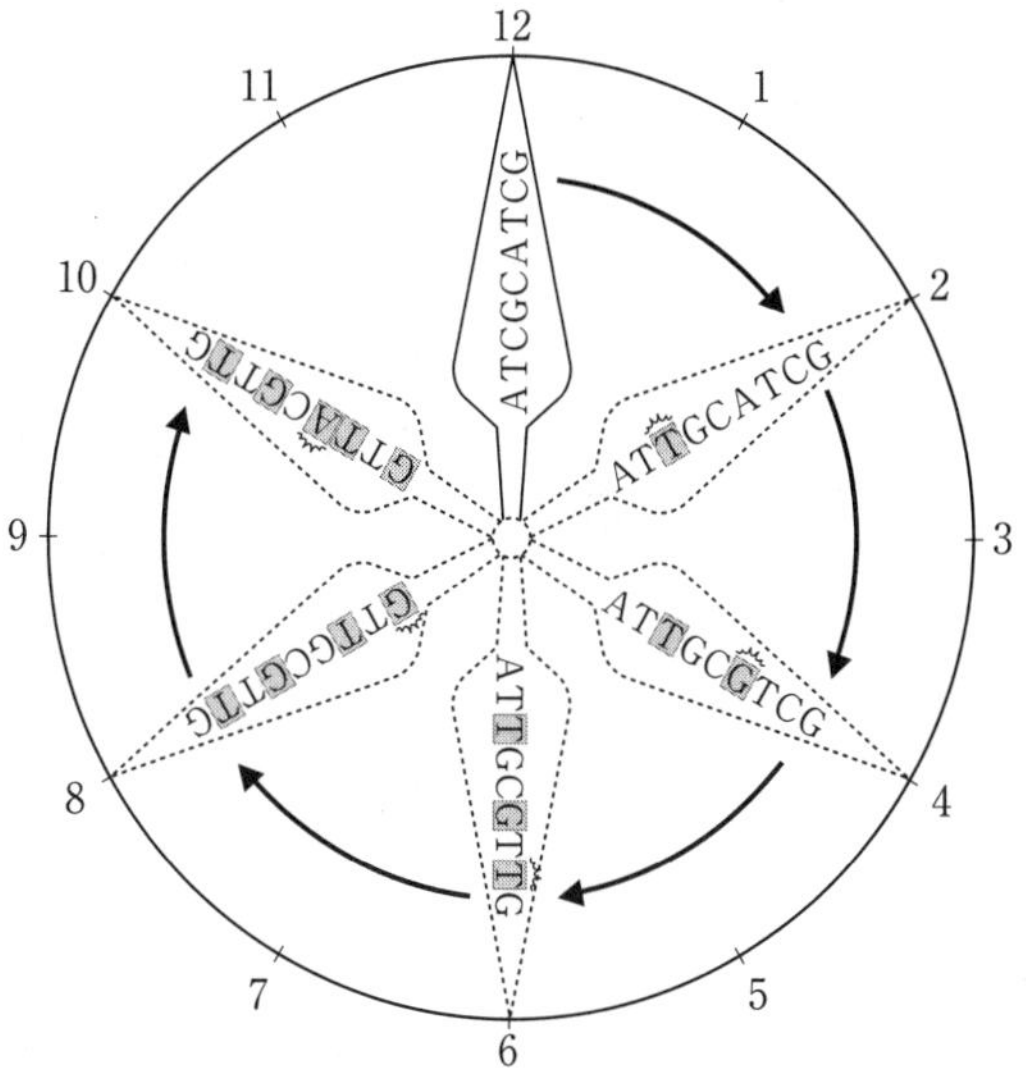

図31　分子時計
アミノ酸配列が時間の経過とともに一定のペースで変化する

最新の生物分類は、じつにこのリボソームに関する遺伝子のうち、ある一つのｒＲＮＡ遺伝子（16Ｓ ｒＲＮＡ遺伝子）を基準に行われている。これが、１-１節で出てきたｒＲＮＡ遺伝子のことだ。

なぜｒＲＮＡ遺伝子が基準としてふさわしいのかというと、それが非常に優秀な「分子時計」だからである。

分子時計とは、ある遺伝子について、ＤＮＡならその塩基配列が、タンパク質ならそのアミノ酸配列が、時間の経過とともにほぼ一定の割合で変化する性質のことをいう。つまり、それがあたかも時計の針が同じペースでカチカチと時を刻むのと似ている、というわけである。そのため、そうした分子の配列を種同士で比較することで、ほぼ正確に種が「分岐」(分かれること)した年代や、種同士の系統関係が推測できる(図31)。

分子時計としてふさわしい遺伝子にはさまざまなものがあって、赤血球の色素タンパク質であるヘモグロビンや、ミトコンドリアで呼吸にたずさわる遺伝子などがよく用いられるが、全ての生物を対象とする分子時計としては、全ての生物に存在する重要な遺伝子で、全ての生物で程よく配列が保存されているrRNA遺伝子がふさわしいのである。

2-3 3ドメイン説

New Life Form

三つのドメイン

一九七七年、生物学者カール・ウーズ(一九二八〜二〇一二)は、この16S rRNA遺伝子の塩基配列を解析し、それまで五界説において「モネラ界」としてひとくくりにされていた原核生物が、じつは大きく異なる二つのグループに分かれることに気付いた。

一つは、私たちの身の回りに多く生息し、時には病原体となる原核生物のグループ。すなわち

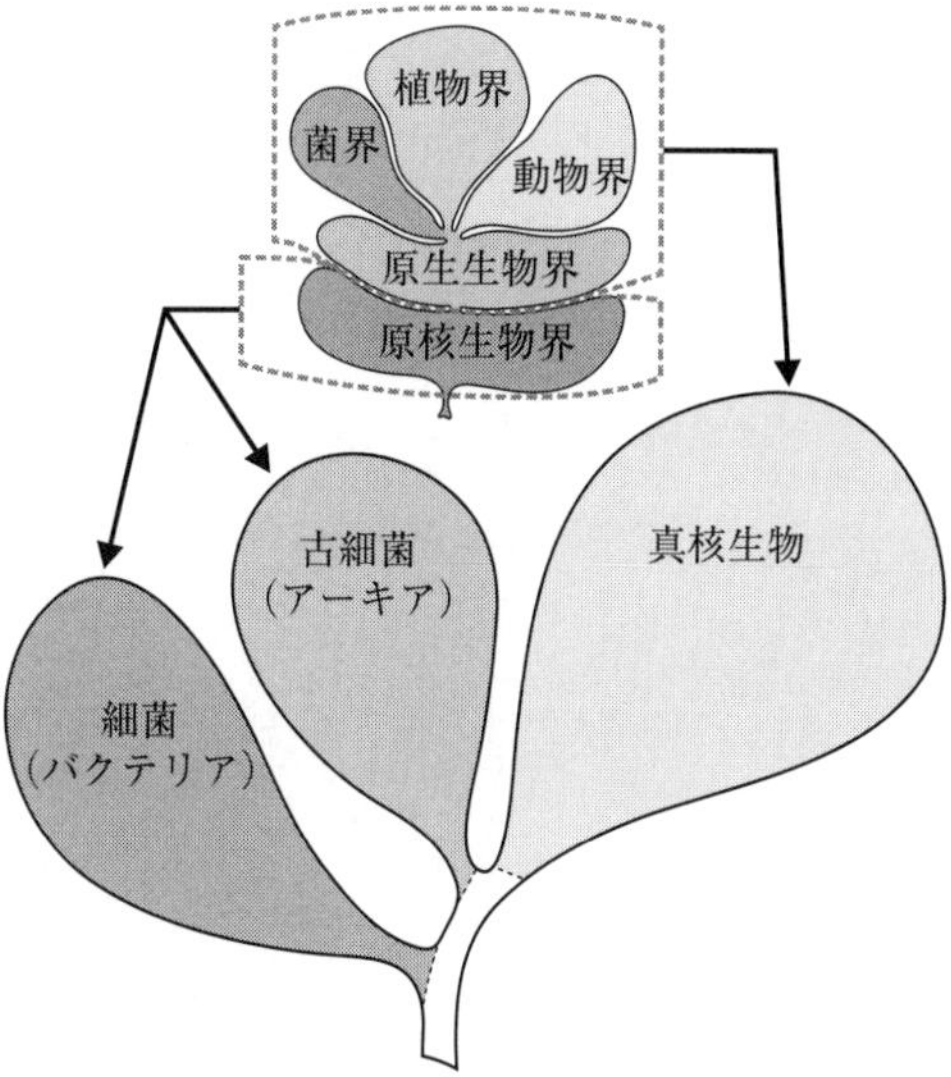

図32　3ドメイン説
五界説における原核生物界をバクテリアとアーキアに分け、ほかの四つの界は真核生物としてくくる

大腸菌やブドウ球菌、肺炎球菌、赤痢菌といった病原菌や、乳酸菌、納豆菌といった食品製造に使われる細菌など、私たちに比較的身近なものがこのグループに含まれる。

そしてもう一つは、私たちの身の回りにはあまり生息せず、どちらかといえば高温の熱水中や極めて高い塩濃度の環境下、硫黄を大量に含む環境など、極限的な環境に生息するような原核生物のグループである。

そこでウーズは一九九〇年、前者を「細菌」(Bacteria)、後者を「古細菌」(Archaea) とよぶことを提案した。原核生物が、細菌と古細菌という二つのグループに分かれるというわけである。一方、「真核生物」(Eukarya)については、これ全体を一つのグループとした。

そしてこの三つを、「界」(kingdom)よりも上のレベルのくくりという位置づけで、「ドメイン(超界)」(domain)とよぶことを提案したのである(図32)。

ここで、これ以降は細菌を「バクテリア」、古細菌を「アーキア」とよぶことにしよう。日本語における「細菌」という共通するフレーズがあることからくる「わかりにくさ」を排除するためである。つまり、ドメインには「バクテリア」「アーキア」「真核生物」の三つがある。

バクテリアとアーキアは、日本語では同じ「細菌」という言葉が入っているため非常によく似たグループで、私たち真核生物とは大きく異なると思われがちだ。

しかし、とんでもないことだった。

バクテリアとアーキアは、進化の過程で両者が分岐したのは私たち真核生物が誕生したよりもずっと前だった、ということが徐々に明らかになってきたのだ。

このことは、バクテリアとアーキアが共通祖先から分岐した後、そのどちらかから、私たち真核生物が分岐した、ということを意味している。では、バクテリアとアーキア、この二つのドメインのどちらから、私たち真核生物は分かれてきたのか?

その答えは「アーキア」だったのである。

バクテリアとアーキアの共通点

アーキアの〝兄弟〟はバクテリアではなく、私たち真核生物だった。

しかし、いくら私たち真核生物に近いとはいっても、アーキアはバクテリアと同様「原核生物」で、私たち真核生物とは異なる。だから、アーキアの原核生物としての性質は、バクテリアに近い。これは当たり前である。

原核生物としての性質とは、これも当たり前だが、いうなれば真核生物にはない性質ということだ。

たとえば、細胞膜の外側に「細胞壁」という固い組織が存在すること。アーキアにもバクテリアと同様、成分は異なるものの細胞壁が存在する。私たち真核生物にも、植物細胞には細胞壁が存在するが、動物細胞には存在しないので、細胞壁は真核生物の一般的な特徴ではない。ドメイン内における生物共通の特徴として細胞壁が存在するのは、バクテリアとアーキアだけである。

膜で囲まれた「細胞小器官」（オルガネラ）をもたないこともまた、バクテリアとアーキアに共通する特徴である。細胞のはたらきの中心である「細胞核」も細胞小器官に含まれる。「細胞小器官をもつということ＝真核生物の特徴」であるわけだから、これも当たり前といえば当たり前だ（ただし、光合成細菌がもつ「色素胞」などの例外はある）。

	バクテリア	アーキア	真核生物
ドメイン全体として細胞壁をもつ	○	○	×
細胞小器官をもつ	×	×	○
環状DNAをもつ	○	○	×

図33　バクテリアとアーキアの共通点

そして、そのDNAが「環状」であること。私たち真核生物のDNAは「線状」、つまり「端っこ」が存在する形をしているが、バクテリアとアーキアのDNAは、端っこが存在しない、「ワッカ」の形をしているということも、両者の共通の特徴として挙げることができる（図33）。

アーキアと真核生物は〝兄弟〟か?

それでは、私たち真核生物とアーキアの共通点はどうだろう? 私たち真核生物がアーキアから分岐したと言うのなら、当然、共通点が多く見られるはずである。

まず、さきほど「細胞壁」の話をしたように、そもそも細胞壁があるのは原核生物の代表的な特徴だが、真核生物の中にも細胞壁をもつものもいる。植物細胞がそうだ。さきほどは細胞壁の有無で議論をして、バクテリアとアーキアの共通点を挙げたわけだけれども、ここでは、細胞壁がある細胞同士、真核生物における植物細胞も仲間に入れて比較してみよう。すると、バクテリアの細胞壁には「ペプチドグリカン」とよばれる、ペプチド（タンパク質よりもアミノ酸の数が少ない物質）と糖質からなる物質が豊富に含まれているのに対して、アーキアと真核生物（植物細胞）の細胞壁にはペプチドグリカンが含まれていないことがわかる。

ただ、これはやや強引な議論だろう。植物細胞だけについて、アーキアとの共通点を、しかも「〜がない」という視点で取り上げるのはナンセンスだ、と思われたかもしれない。一方、分子レベルで見ると、アーキアと真核生物の共通点はより明確になる。

まず、「転写」に関係する遺伝子のうち、RNAを合成する重要な酵素であるRNAポリメラーゼ遺伝子は、バクテリアには一種類しか存在しないのに対し、アーキアと真核生物には複数種類存在する。

また、タンパク質が合成されるとき、バクテリアでは「フォルミルメチオニン」という特殊なアミノ酸からその合成が始まるのに対して、アーキアと真核生物では「メチオニン」から始まる。

真核生物のDNAは、「ヒストン」という、DNAを巻きつける糸巻きのような役割をもつタンパク質と常に結合している。バクテリアにはそのようなタンパク質は存在しないが、一部のアーキアには存在することが知られている。

DNAを複製する酵素である「DNAポリメラーゼ」にはいくつかのタイプがある。真核生物のDNAは、B型DNAポリメラーゼによって複製され、アーキアも基本的には同じB型DNA

	バクテリア	アーキア	真核生物
ペプチドグリカンの有無	○	×	×
RNAポリメラーゼの種類	1	複数	複数
開始アミノ酸	フォルミルメチオニン	メチオニン	メチオニン
ヒストンの有無	×	○	○
DNAポリメラーゼのタイプ	C	B*	B

*ただし、アーキアの中には「D型」という特殊なタイプをもつものもある

図34　アーキアと真核生物の共通点

ポリメラーゼによって複製される（一部のアーキアはD型とよばれる特殊なタイプのDNAポリメラーゼをもつ）。一方、バクテリアのDNA複製は、C型DNAポリメラーゼによって行われる。

このように、とりわけゲノムDNAに関わるいくつかの点において、アーキアと真核生物が共通している、あるいは共通する傾向にあることがわかる（図34）。

一九九九年には、米国UCLAの生物学者ジェームズ・レイクらにより、私たち真核生物のゲノムが、バクテリアのゲノムとアーキアのゲノムがミックスされてできていることが明らかにされている。これはあるとき、アーキアを宿主とし、バクテリアを共生者とする共生関係が生じ、やがて共生したバクテリアのゲノムが宿主たるアーキアのゲノムに入り込んで真核生物が誕生したことを示唆している。いわば、私たち真核

生物とアーキアとは〝兄弟〟なのだ。

こうして、バクテリア、アーキア、真核生物という三つのドメイン（超界）が成立するのである。

私たちもアーキアである

ただ、アーキアと真核生物との関係については、いまなお議論は続いている。

三つのドメインのうち、もっとも研究が遅れているのがアーキアである。アーキアがどのような系統のものから成り立っているかについてはまだ研究途上で、わからないことの方が多いのだが、最近、アーキアのうち「ユーリアーキオータ（ユーリ古細菌）」とよばれる仲間がもっとも古い系統であり、分子系統的には、アーキアはユーリ古細菌とその他のアーキアに分けられることがわかってきた。

その他のアーキアには「タウムアーキオータ（タウム古細菌）」、「アイグアーキオータ（アイグ古細菌）」、「クレンアーキオータ（クレン古細菌）」、「コルアーキオータ（コル古細菌）」の四つのグループがあり、それぞれの頭文字をとって「TACK」とよばれている（図35）。

真核生物の祖先となったアーキアは、TACKではないかと考えられ始めている。それは、いくつかの重要な遺伝子のうち、真核生物のものとよく似た遺伝子を、ユーリ古細菌よりもむしろ、TACKの方が数多くもっていることが明らかとなってきたからだ。

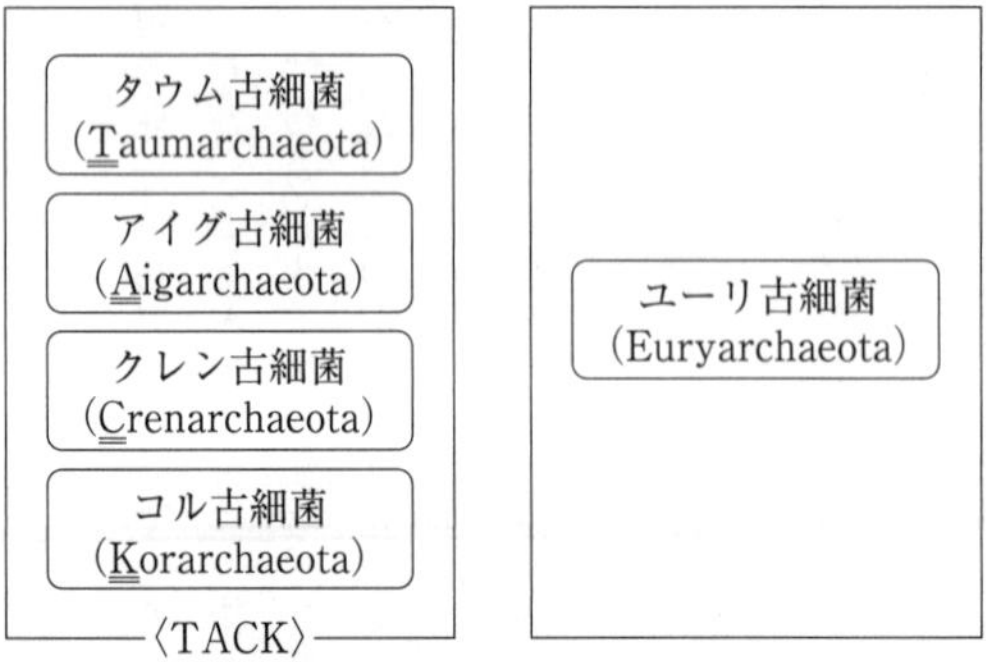

図35　ユーリ古細菌とTACK
この図は、単にユーリ古細菌とその他の古細菌を分けてあるに過ぎない。が、おそらく祖先は同じであろう

このことから、生物の世界はまず三つのドメインに分けるのではなく、二つのドメインに分けた方がふさわしいとする考え方もある。

二つのドメインとはつまり、バクテリアとアーキアの二つであり、私たち真核生物はアーキアに含まれる一つの系統にすぎないという考え方である。

さらに、生存にコアとなる遺伝子を基準として分子系統解析を行うと、全ての生物の共通祖先からバクテリアとアーキアが分岐した後、アーキアの中で、ユーリ古細菌と「その他のアーキア」が分岐し、続いて「その他のアーキア」の中で、真核生物とＴＡＣＫが分岐したと読み取れる分子系統樹が得られることもわかっている（図36）。

すなわち、アーキアと真核生物は、明確に二つのグループに分けることはできず、むしろ、アーキアの大きな系統の中の一つに私たち真核生物がいる、と理解

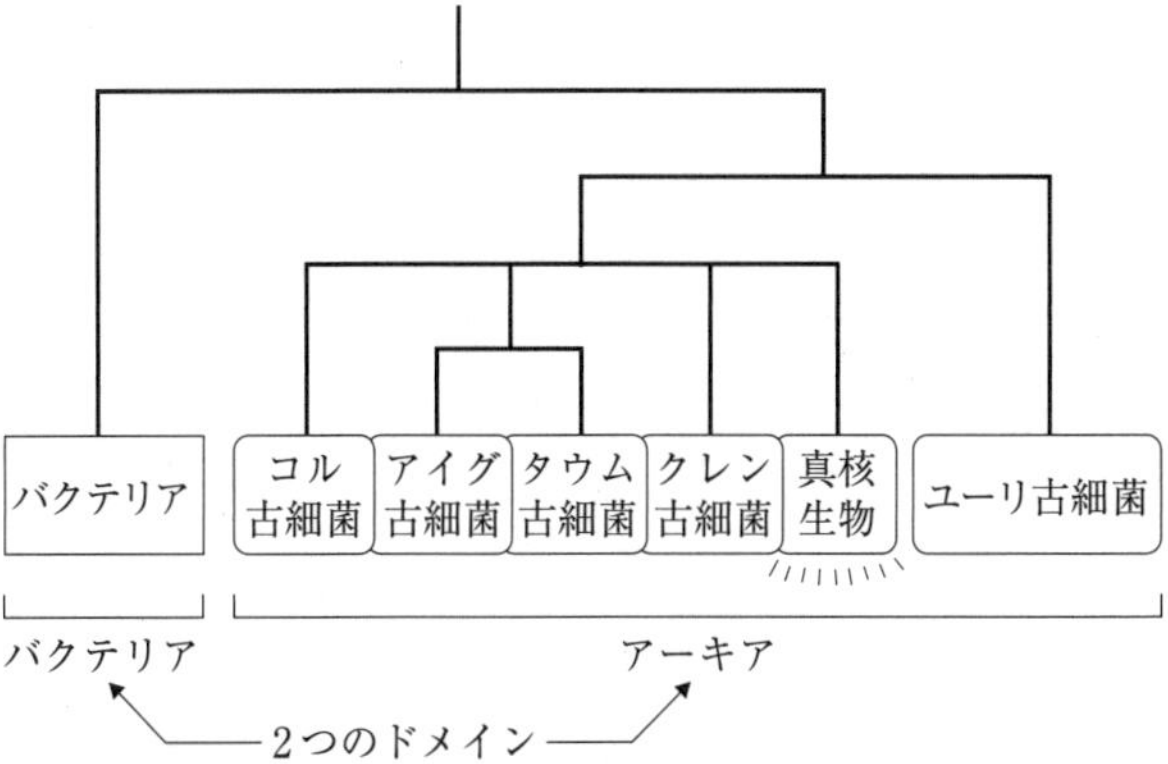

図36　真核生物はアーキアの一系統か？
生物の共通祖先からバクテリアとアーキアが分かれた後、アーキアがさまざまな系統に分岐したと考えられるが、私たち真核生物は、そうしたいくつかの系統の単なる一つなのかもしれない

した方が合理的とも思えるのである。

私たちは、じつは「アーキア」なのだ！

日本語だと、「古細菌」という言葉から想起されるイメージもあって、おそらくほとんどの読者諸賢が違和感をもたれるであろう。しかし本書でそうしてきたように、古細菌のことを英語の発音そのままに「アーキア」とよべば、「私たちはアーキアだ」と言われても、ある程度違和感は小さくなると思うのだが、いかがであろう。もちろん、真実はまだわからない。

何をもって生物とみなすか

生物を五つの界に分けることを考えたのが人間ならば、生物を三つのドメインに分けることを考えたのも、二つのドメインに分けようとしているのも人間だ。

世の中の生物を動物と植物に分けたのも人間だし、私たち自身も生物であると考えたのも、人間である。

とどのつまりは、「何をもって生物とみなすか」を考えたのもまた、人間であるということだ。

確かに、DNAを解析する手法が発展し、DNAを解析すればいろんなことがわかる、ということがわかってきた。その結果として私たち人間は、生物を「適切に」分類することができるようになってきたかもしれないが、この「適切かどうか」を判断するのもまた、人間自身が築いた「科学」という名の基準に基づいているといえる。

さらに言えば、生物を適切に分類することができるようになったのかもしれないけれども、それはあくまでも、「人間が生物であるとみなしているもの」を適切に分類するということであって、いまの「人間がそれを生物とみなす」という行為そのものが、もっとも適切であるとは限らない。

現在、人間が生物であるとみなしているものは、確かにバクテリア、アーキア、真核生物の三つのドメインに分けることができるだろう。

しかし一方において、将来的に生物であるとみなされる可能性のある「生命体」にまではまだ考えが及んでいないともいえる。そしてその「生命体」こそが、「巨大DNAウイルス」なのかもしれない。

2-4 第4のドメインと新たな提案

ミミウイルスは極めて古い系統を示す

「巨大DNAウイルス」の概念が登場するきっかけとなったミミウイルスについて、ここでもう一度考えてみよう。

ミミウイルスのゲノムが解読され、『サイエンス』誌に論文が出たのは二〇〇四年。「ブラッドフォード球菌」がじつはウイルスであったという、一ページと短くも衝撃的な論文が『サイエンス』誌に出たのが二〇〇三年。この間、わずか一年であるから、ゲノムの解読の技術がいかに進歩し、いかに当たり前のこととなってきたかがわかる。では、その二〇〇四年の『サイエンス』論文で、いったい何がわかり、その著者はどのような考察を展開したのだろうか。

この論文における重要な論点は、大きく二つある。

一つは、第一章でも紹介したように、それまでは細胞性生物以外には見つかっていなかった、種々の「翻訳」用遺伝子が多数発見されたこと。

そしていま一つは、3ドメインの生物とミミウイルスの全てに存在する、機能を同じくする遺伝子のうち、「複製」、「転写」、「翻訳」に関わる七種類の遺伝子の分子系統解析をおこなったところ、ミミウイルスが極めて古い時期に分岐したこと、正確に言うと真核生物が分岐したあたりまでさかのぼることができるほど古い時期に分岐したことを示唆する分子系統樹が得られたこと、である。

第4のドメインという考え方

前節で述べたように、ウーズによれば、地球上の全ての生物は三つのドメインに分けられる。バクテリア、アーキア、そして真核生物である。そして私たち真核生物はバクテリアよりもアーキアに近く、アーキアは私たち真核生物と共通の祖先を有する、いわば〝兄弟〟のような関係にあると考えられている、ということも述べてきた。

『サイエンス』誌の論文において得られたデータは、ミミウイルスの系統は、この三つのうちもっとも新しい真核生物ドメインの誕生初期にまでさかのぼることができることを示唆しており、この論文の考察の最後で、著者らは次のように述べている。

これら、普遍的によく保存された遺伝子ファミリーのウイルスにおける代表例を解析することにより、我々は、ミミウイルスがほかの三つのドメインとは異なる新しい「枝」を示す、仮説的な「生命の樹」を打ち立てることができた。我々は、我々のこの仕事がさらなる巨大ウイルスの研究を推進すること、そのゲノム解析が、DNAウイルスの起源とその細胞性生物の進化における役割にさらなる光を当てることを確信している。(著者訳)

この、ミミウイルスの新しい「枝」こそが、後に「第4のドメイン」とよばれるものである(図37)。

第4のドメインとは、「生物」である三つのドメイン——バクテリア、アーキア、真核生物

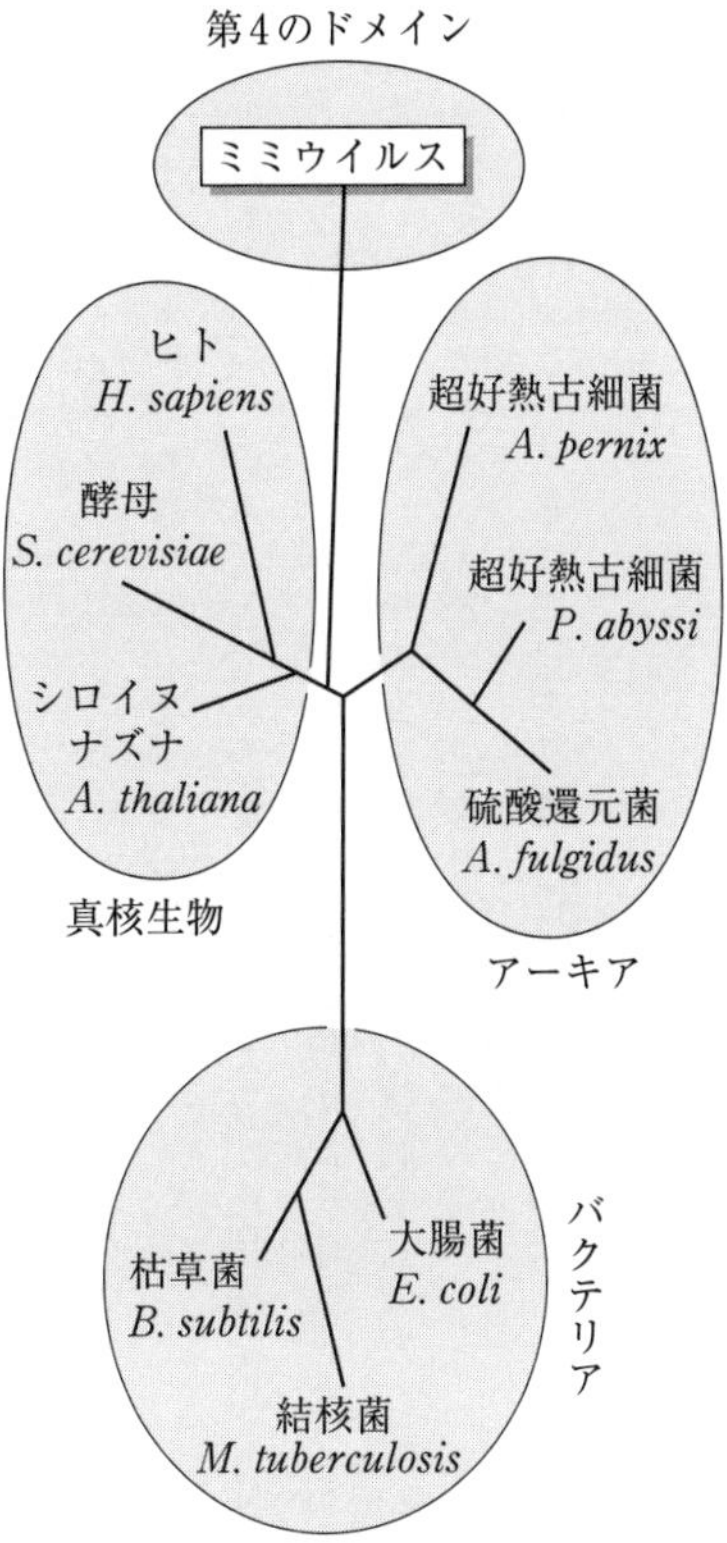

図37　ミミウイルスと第4のドメイン
ミミウイルスの祖先は、真核生物の起源あたりにまでさかのぼることができる
[出典：Raoult D et al. (2004) *Science* 306, 1344-1350.より改変]

――に続く「第4の」ドメインということだから、このドメインに含まれるものは、三つの生物とは独立したグループを作るもの、ということである。言い換えれば、「第4のドメイン」を形成する連中もまた「生物である」とみなすということだ。

論文の著者たちも述べていることであるが、この考え方が市民権を得るには、こうしたウイルスたちのさらなる解析が必要であり、一朝一夕に信頼度の高い学説として打ち立てられるものではないだろう。しかしながら、科学の進展にはある種の挑戦も必要だ。その挑戦に対してさまざまな反応が寄せられ、ブラッシュアップがはかられていく。

予想された通り、ミミウイルス発見を契機に提唱されたこの新しい概念に対して、一部の生物学者たちから反論が寄せられた。

生物の定義

はたして生物学者たちは、巨大DNAウイルスを生物とみなし、三つのドメインとともに成り立つ「第4のドメイン」に含めてはどうかということの提案について、どのように考えたのだろうか。

ここで、世界的な科学誌『ネイチャー』のレビュー誌の一つ『ネイチャー・レビュー・マイクロバイオロジー』誌で行われた代表的な論争を紹介したい。

ミミウイルスやメガウイルスなど、さまざまな巨大DNAウイルスが報告されていることを受けて、二〇〇八年、ミミウイルス発見の立て役者であるディディエ・ラウルトと、その共同研究者でフランスの微生物学者パトリック・フォルテールは、同誌に、「ウイルスの再定義：ミミウイルスからの教訓」(Redefining viruses: lessons from Mimivirus) と題した論文を寄稿した。まずは彼らの主張を見てみよう。

ラウルトとフォルテールは、現在までのウイルス発見の歴史ならびにウイルスとは何かに関する議論の概要を紹介したうえで、これまで地球上に存在することが知られている遺伝情報の総量の中でウイルス由来のものがかなりの部分を占めていることから、ウイルスを新しい生物（論文では〈life〉という単語が使われている）の形態として再定義する必要性を強調した——もちろん、それには論争の余地があることを彼ら自身十分に認識している——。

彼らのそうした主張の背景には、たとえば研究者による生物の定義の歴史、ウィキペディアにおける定義、オックスフォード英語辞典オンライン版での定義などを比較すると、それぞれがそれぞれ異なる視点から定義しており、ウイルスが含まれたり含まれなかったりと、生物の定義自体がはっきりしていないという現状がある。

結局、生物の定義に関して、国際的に統一して認知されたものは存在しないのである。

コードする能力

そして、ミミウイルスが発見された。

ミミウイルスは、感染した細胞の中に、その細胞核とほぼ同じ大きさの、細胞核と見紛うような構造を作り出す（3－3節参照）。それは、最初に発見されたとき、宿主細胞の細胞核だとほんとうに思われたほどだった。

そもそも、ミトコンドリアや葉緑体などの細胞小器官と、細胞内に共生するバクテリアや寄生性真核生物との境界線は、あいまいになってきている。たとえば、第三章でも述べるが、ミトコンドリアの祖先に非常に近いとされる寄生性バクテリア「リケッチア」や、ある種の植物がもつ、シアノバクテリアのそれと極めてよく似た特徴を有する葉緑体（シアネル）などは、そうした境界に位置するともいえる。

となれば、細胞核も一つの細胞小器官であり、それと機能的に似たものを作り出すウイルスもまた、生物との間に厳然と線引きをされるような存在ではない。

二〇〇七年、科学誌『サイエンス』に、最小のバクテリアの一つとして知られるマイコプラズマの一種「マイコプラズマ・マイコイデス」のゲノムを他種のマイコプラズマに「移植」すると、「移植」された細胞は、あたかも「マイコプラズマ・マイコイデス」であるかのように振る

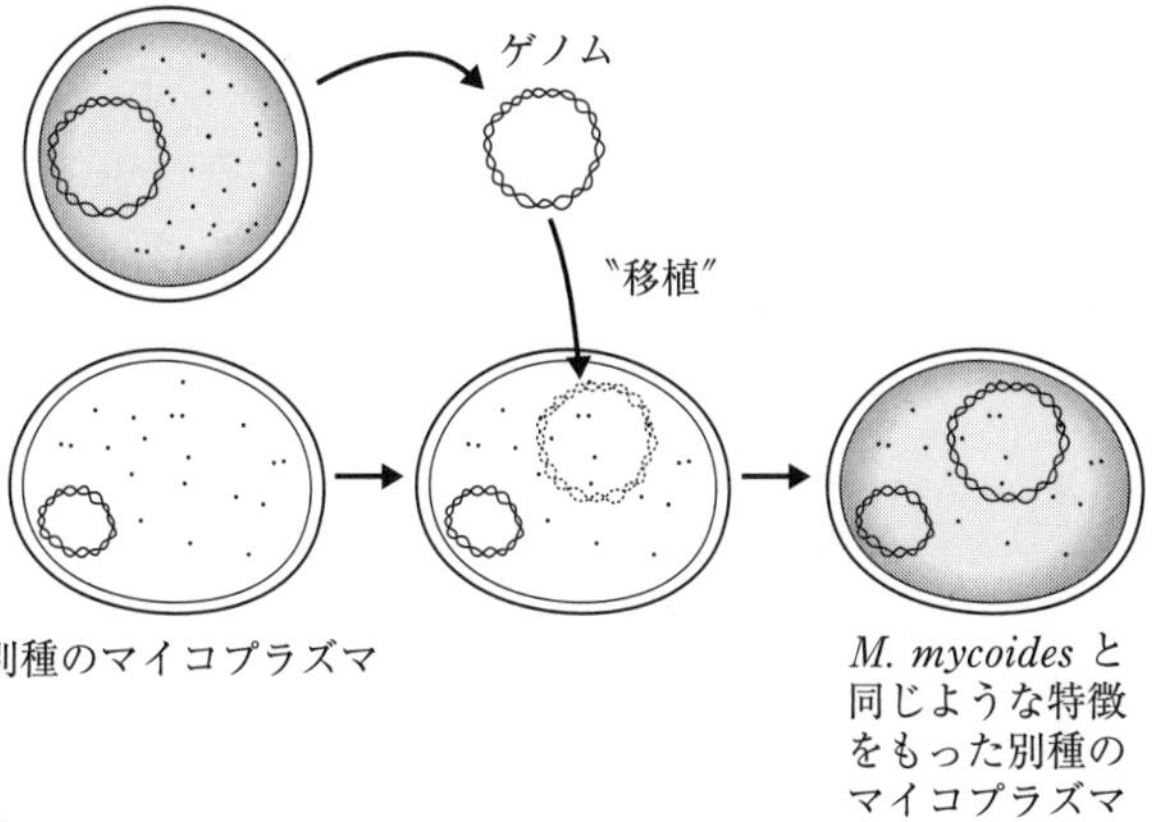

図38　マイコプラズマのゲノム移植
まるで「乗っ取られた」かのように振る舞う別種のマイコプラズマ

舞うという研究が報告された。まるで体を霊に乗っ取られた霊能者のように（図38）。

このことが、バクテリオファージが自らのゲノムを大腸菌内に注入し、そこで増殖することと、はたしてどれだけ違うというのだろうか。

こうした事例から、ラウルトとフォルテールは、ウイルスなり生物なりを定義する基準は、その生物を作り出す方法（何がそうさせる能力をもつか）、すなわち「生物をコードする能力」であるべきだと主張するのである。

REOsとCEOs　～新たな生物のくくり～

ミミウイルスは巨大であり、ゲノムを含めたその大きさはもっとも小さい生物のそれと同じレベルのものだ。

ラウルトとフォルテールは、ミミウイルスと、三つのドメインのそれぞれにおける最小の生物とでどのような遺伝子が備わっているかを比較した。その生物とは、バクテリアではもっとも小さいと考えられている「カルソネア・ルディアアイ」、アーキアでは「ナノアーカエウム・エクィタンス」、そして真核生物では寄生性単細胞真核生物の「エンセファリトズーン・カニキュリ」である。

その結果、ミミウイルスがもっている遺伝子のうち、他の三つのドメインの生物と比較して明らかに少なかったのは、「翻訳」、すなわちタンパク質の合成に関わる遺伝子のみであった。物質代謝やDNAの構造維持など、他の重要な生命現象に関わる遺伝子に関しては、ミミウイルスだけが特別に少ない、というようなものはなかった（図39）。

タンパク質の合成といえば、「リボソーム」である。

RNAを遺伝子としてもつウイルスの中には、リボソームをもつものがいるらしいが、そのリボソームは宿主のそれに由来しており、ウイルス自身の「オリジナル」のリボソームというわけではない。したがって、ウイルスにはリボソームが存在しないというこれまでの「大原則」は変わらない。

こうしたことからラウルトとフォルテールは、現在「生物」であるとみなされているバクテリア、アーキア、真核生物の三つのドメインに含まれるモノを、「リボソームをエンコード（規

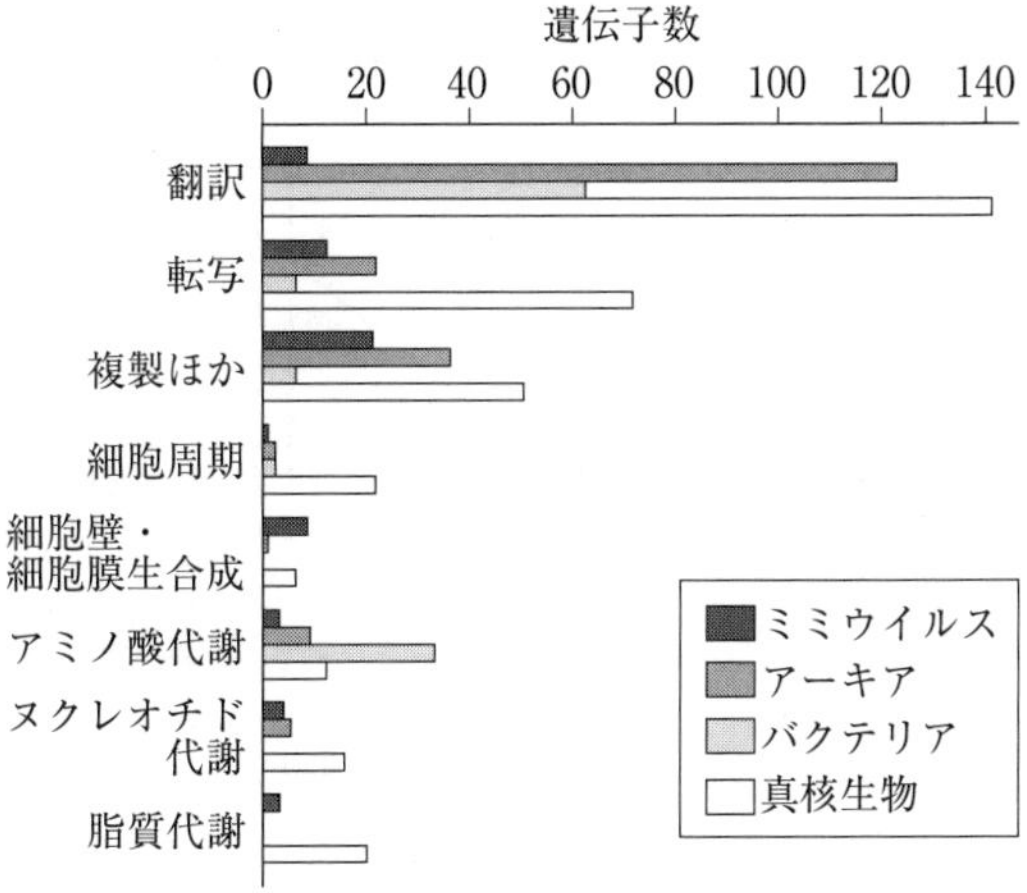

図39　ミミウイルスと細胞性生物の遺伝子数の比較
3ドメインの生物に比べてミミウイルスが圧倒的に少ないのは、「翻訳」用の遺伝子のみである。「転写」、「複製ほか」、「細胞壁・細胞膜生合成」、「ヌクレオチド代謝」、「脂質代謝」に関しては、ミミウイルスよりも少ない生物もいるし、「細胞周期」、「アミノ酸代謝」に関しては、「翻訳」ほどミミウイルスが劇的に少ないわけでもない
［出典：Raoult D and Forterre P. (2008) *Nature Rev. Microbiol.* 6, 315-319.より改変］

定）する生物」(ribosome-encoding organisms：REOs)と定義したらどうか、と提案し（図40）。いいたとえではないかもしれないが、リボソームが〝支配権〟をもつ世界、とイメージすればいいだろう。

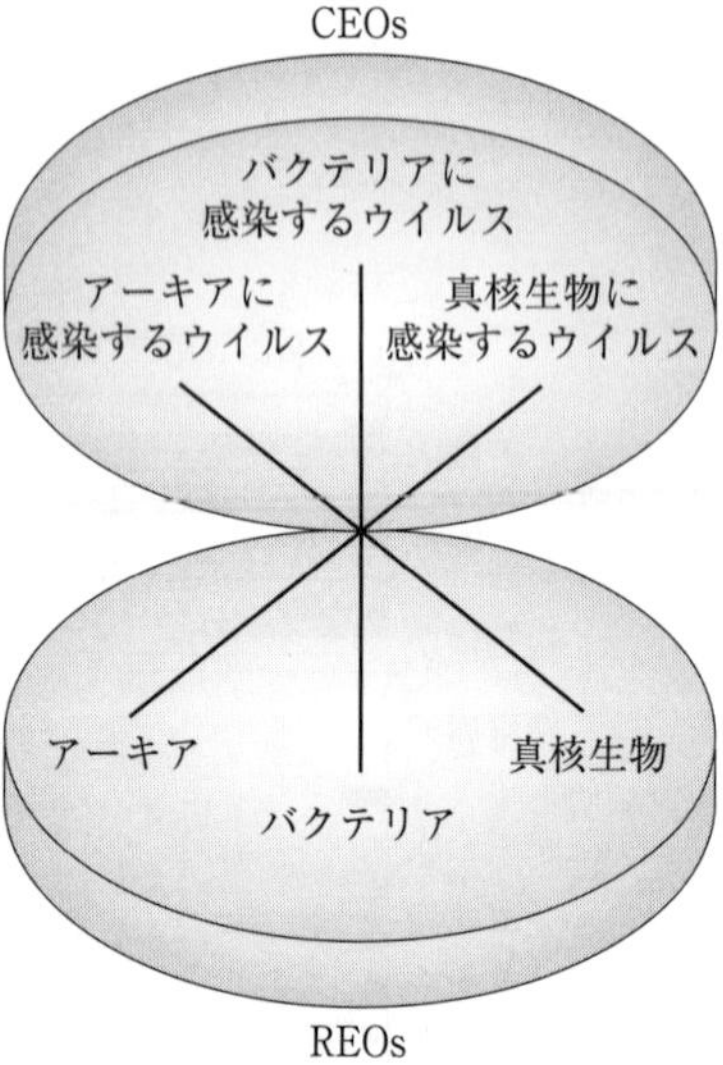

図40　REOsとCEOs
［出典：Raoult D and Forterre P. (2008) *Nature Rev. Microbiol.* 6, 315-319.より改変］

一方、ウイルスを特徴付ける代表的なものは、そのDNA（もしくはRNA）を包み込む「カプシド」である。カプシドのタンパク質は、バクテリアに感染するウイルスにもアーキアに感染するウイルスにも、また真核生物に感染するウイルスにも共通して存在する、ある特徴的な立体構造をとることが知られている。この特徴的な構造は、じつは細胞性生物のタンパク質にはこれまで知られていないものである。

このことは、全てのウイルスにも共通祖先がいて、カプシドを利用して細胞から細胞へと渡り、い、歩き、生物進化と深く、密接に関わってきたことを示唆しているのではないか（ただし、別の立体構造をとる、すなわち別の起源のカプシドをもつウイルスもいる）。

こうしたことからラウルトとフォルテールは、「現行の生物＝ＲＥＯｓ」に対して、ウイルスを「カプシドをエンコードする生物」（capsid-encoding organisms：CEOs）と定義してはどうか、と提案した（図40）。こちらはリボソームではなく、カプシドが〝支配権〟をもつ世界、というイメージだろう。

長くなったが、以上が、ラウルトとフォルテールの二〇〇八年の論文における主張である。

2-5 迷走する議論　〜ウイルスは生きている？生きていない？〜

反論

ウイルスを生物の一つとするこれらの提案——4ドメイン説、ＲＥＯｓ・ＣＥＯｓ——に対して、翌二〇〇九年、フランスのダヴィド・モレイラとプリフィカシオン・ロペス＝ガルシアが、同じ『ネイチャー・レビュー・マイクロバイオロジー』誌に、「生物（生命）の樹からウイルスを排除する一〇の理由」（Ten reasons to exclude viruses from the tree of life）と題した反駁論文を掲載した。その一〇の理由とは、簡単にいうと次のものである。

①ウイルスは生きてはいない
②ウイルスは多系統である
③ウイルスには祖先的な系統がない
④宿主の多様さはウイルスの古さとは関係ない
⑤ウイルスの系統は構造的な連続性を欠く
⑥代謝に関わる遺伝子は細胞由来である
⑦翻訳に関わる遺伝子は細胞由来である
⑧ウイルスは遺伝子泥棒である
⑨ほとんどの遺伝子水平伝播は細胞からウイルスに対して生じる
⑩単純さは古さを意味していない

具体的に、モレイラとロペス＝ガルシアは次のように主張している。

まず、ウイルス自身は複製も進化もできず、代謝も行うことができない。ただ細胞によってのみ複製し、進化することができる。ウイルスが「生きている（論文では〈alive〉という言葉が使われている）」と主張する人は寄生性バクテリアを例に挙げることが多いが、これらのバクテリアは適当な培地を与えてやれば培養可能だから、ウイルスとは異なる。二〇〇〇年のウイルスの分類に関する国際委員会（ＩＣＴＶ）において、ウイルスは「生きていない」ことが公式に認められている。

また、生物は共通祖先を有するが故に、単系統である。これに対して、いくつかの遺伝子がウイルス間でシェアされる場合もあるが、ウイルス全体を見ると、ただ一つの遺伝子でさえ全てのウイルスでシェアできるものはなく、いわば多系統である。

もちろん、カプシドタンパク質などがウイルス共通だといわれる場合があるが、これについては、「収斂《しゅうれん》」や「遺伝子の水平伝播」によって説明できる。さらに生物は、脂質二重膜という共通の構造があり、共通祖先から連綿と受け継がれた構造的連続性をもっているが、ウイルスにはそのようなものがない。なぜならウイルスは細胞内で世代ごとに「作られる」からである。

また、ウイルスは多様な宿主間を渡り歩く場合が多いため、宿主が多様だからといって、ウイルスの起源をそれらの共通祖先にまでたどれるとはいえない。多くのウイルスはエネルギーや炭素の代謝に関する遺伝子をもたず、たとえもっていたとしても、分子系統解析により、宿主から水平伝播によって獲得してきたものであることが示されている。ミミウイルスのようにタンパク質合成に関わる遺伝子をもつものもまれにいるが、これもまた水平伝播によって宿主から獲得されたものであり、ウイルスは決して自らのタンパク質を自分の手で作る能力をもってはいない。

ウイルスは細胞のそれと明確な相同性をもたない遺伝子を多数保有しているが、それはウイルスの遺伝子が細胞の遺伝子よりも変異速度が速いからである。もとの遺伝子は細胞のものなのだから、ウイルスは「遺伝子泥棒」であるとさえいえる。

再反論

このモレイラとロペス＝ガルシアの反論に対しては、ラウルトやフォルテールに近い、同じくフランスのジャン＝ミシェル・クラヴリと緒方博之（現・京都大学化学研究所教授）（図41）が、同年のやはり同じ『ネイチャー・レビュー・マイクロバイオロジー』誌に、「進化の肖像からジャイラスを排除しない一〇のよき理由」（Ten good reasons not to exclude giruses from the evolutionary picture）と題した、短い再反駁論文を掲載した。ジャイラスとは巨大ＤＮＡウイルスのことである。

この論文でクラヴリと緒方は、モレイラとロペス＝ガルシアの主張は、科学者に夢を与えない「最後通告的」なものであると批判し、若い進化学者が果敢に伝統的な見方を打ち破ることを鼓舞するために、巨大ＤＮＡウイルスに焦点を当てて、モレイラとロペス＝ガルシアへの反論の一〇の理由を列挙している。

①科学に関する委員会が科学的事実を決定するのではない。しかも、ウイルスを生物ではないとした二〇〇〇年のＩＣＴＶの見解は、ミミウイルス発見より前であり、モレイラらが

議論に用いるのは適切ではない。

②モレイラとロペス＝ガルシアは、ウイルス粒子と代謝活動が活発な細胞とを比較して「ウイルスは生きていない」と言っているが、これは不適切な比較である。ウイルス粒子と比較されるべきものは代謝活性のない胞子などであり、代謝が活発な細胞と比較されるべきものは、複製段階にあるウイルスである。

③多種多様で多系統のウイルスを一緒に扱い、それが生命の樹に属するかどうか議論するのは間違っている。適切な質問とは、たとえば、巨大ＤＮＡウイルス（単系統）の祖先が生命の森の複雑に絡み合った根っこの一部なのかどうかをたずねることだ。

④ミミウイルスは遺伝子泥棒ではなく、じつのところモレイラとロペス＝ガルシアの遺伝子構成の図は誤解を招きやすい。ミミウイルスの遺伝子の八六パーセントは細胞性生物の遺伝子とは異なるものである。ウイルスの遺伝子は変異速度が速いからだという意見もあるが、巨大ＤＮＡウイルスの遺伝子の変異速度は生物のそれとほとんど変わらない。

⑤ウイルスはその進化的な起源が多様なのだから、一緒くたにして議論を進めるのは意味がない。

⑥ウイルスの世界において、ミミウイルスなど巨大ＤＮＡウイルスの進化は独自性をもっている。

⑦巨大ＤＮＡウイルスの起源は、３ドメインの起源以前にさかのぼるかもしれず、もしそうなら、各ドメインの遺伝子を保持していることを簡単に説明できる。
⑧さまざまなものをそぎ落とすような進化は、寄生性生物における特徴である。ならば、巨大ＤＮＡウイルスが、その祖先ではさらに細胞的な特性を付与されており、「生きている」とみなし得る存在だったと考えてもおかしくない。
⑨ほとんどの巨大ＤＮＡウイルスの遺伝子が、今日の３ドメインに含まれる細胞性生物を起源としていないという事実から目をそむけることは、その昔のインテリジェント・デザインを復活させるようなものだ。
⑩巨大ＤＮＡウイルスを「生命の樹」に簡単に埋め込めないのは、現存の系統樹が地球上の生物間の進化的関係を、とくに根（ルート）の周辺でうまく表していないからである。
ややわかりにくいかもしれない。その理由は、巨大ＤＮＡウイルスを生物界においてどのように位置づけるのか、「生物」としてみなせるのかどうかについて、整然とした議論が行われていないからである。

たとえば、モレイラとロペス＝ガルシアの主張は、あくまでもウイルス全体を主眼に置いたうえで、「それは生物とみなされるべきではない」というものであるのに対して、ラウルト、フォルテールらの主張は、ゲノム組成からは、ウイルスが単なる寄生性の核酸分子（すなわち非生物）であるとはいえないという視点から出発している。

クラヴリ、緒方の主張は、巨大ＤＮＡウイルスというものはそもそもこれまでのウイルスからは切り離して考えるべきであり、その視点に立てば、それまでのウイルスとは違って、巨大ＤＮＡウイルスは生物とみなすことができ、第４のドメインとして位置づけることができるのではないかというものである（図42）。

図41　緒方博之教授（右）と筆者（左）
緒方教授は、わが国では数少ない巨大ウイルス研究者の一人。筆者とは総説の共同執筆など、巨大ウイルス研究の底上げを共に模索している。2014年６月、京都大学化学研究所でのセミナーにて撮影

また、論文は英語なのでニュアンスは異なるが、日本語でいえば「生物」、「細胞性生物」、「生命」、「生きているもの」といった微妙に異なる概念が入り乱れているために、結局のところ何を議論しているのかがあやふやになっている感も否めない。

むろん、ラウルトとフォルテールによる「ＲＥＯｓ」と「ＣＥＯｓ」という分け方は非常にエキセントリックで、全てのウイルスを含んでいるため、反論の余地は十分にある。モレイラとロペス＝ガルシアの主張は、古来のウイルスの基本的概念を踏まえたもので、科学的事実を客観的に見て判断する立場を踏襲しており、ウイルス

図42　それまでのウイルスとは違い、巨大DNAウイルスは生物か？

全体を見渡した議論としては説得力は強い。

一方、再反論でクラヴリと緒方が述べた主張は、そこまで踏み込んだ議論までは追求せず、客観的なデータに伴う合理的な部分を、あくまでも「巨大DNAウイルスはそれまでのウイルスとは違う」という主張から「巨大DNAウイルスは生きているのでは？」という提案へとつなげており、やはり説得力がある。

いずれにせよ、このあたりの議論は、それから数年経過した現在でも依然、迷走しており、今後どのような方向へと進んでいくのかは、まだ筆者にもわからない。

「生物の基本単位＝細胞」は見直すべきか？

ウイルスを生物とみなさない立場の人間は、ウイルス界全体について議論し、ウイルスを生物とみなす立場の人間は、時にはウイルス界全体について議論する場合もあるが、基本的には巨大DNAウイルスに限って議論する。

これでは議論はかみ合わない。いずれは冷静に、少なくとも巨大DNAウイルスに関する科学的な議論と検証を進めていくべきであろう。

そうした議論が成立するのであれば、やがては「生物の基本単位とは何か」という話にまで広げる必要があるかもしれない。なぜなら、ウイルスが生物でないという立場にあったとしても、「生物である細胞だったものが余計なものをそぎ落としてウイルスになった」と考えるのであれば、「かつては生物だった」ことに異議を唱えることはないはずで、そうなると、じゃあいったいいつの時点でそれは「生物でなくなったのか」という問題に向き合う必要があるからである。

現在、生物の基本単位は「細胞」であるとされている。これは多分に「細胞説」（1－1節参照）に負うところが大きい。それ以降、生物学は「細胞」という小さな存在を基準にして発展してきたといえる。

確かに、生物の「機能」の基本単位は細胞といえるかもしれない。免疫系は、それぞれの免疫細胞たちの振る舞いの総体であるし、脳のはたらきもまた、神経細胞たちの振る舞いのネットワークである。肝臓も、一個一個の肝細胞がそれぞれ役割をはたすことで成り立つ臓器だ。そして、単細胞生物、多細胞生物という分け方が、じつに現実的であることを多くの人は知っている。

では、「機能」という具体的な基準ではなく、より概念的である「生きている」といえる最小単位とは何かという場合においてはどうだろうか。それもまた「細胞」であるといいきってしまってよいのかとなると、それはわからない。機能の単位と「生きている」といえる単位は、別物なのである。

はたして巨大DNAウイルスは「生きている」のだろうか？　そして生物界における「第4のドメイン」なのだろうか？

これに答えるためには、さきほどの議論の例にも挙げたように、少なくとも「生物である」ことと「生きている」ことの区別を、できる限りはっきりさせた方がいいと思われる。

ここはひとつ、細胞（真核細胞）とウイルスの起源について、じっくりと考えてみよう。それによって、「生きている」といえる基本単位がいったい何なのかが、そしてほんとうに巨大DNAウイルスが「第4のドメイン」としてふさわしいものなのかが、理解できるようになるかもしれない。

第3章

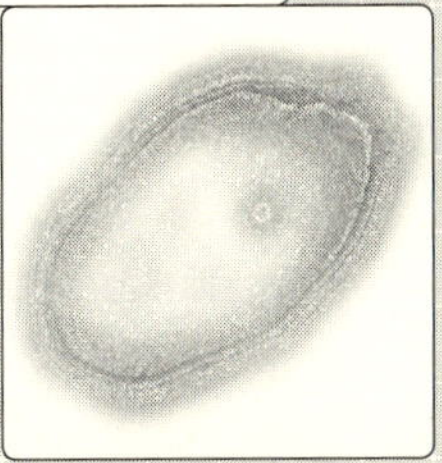

New Life Form

「生きている」とはどういうことか

生物の進化のしくみを正確に紐解くのは難しい。なぜなら、それはすでに過去のものだから。ただし、人類がこれまでに積み上げてきた生物学の知識を使って、そのしくみを推測し、生物進化のあらましを絵に描くことはできる。

しかしその絵のデッサンは、時代をさかのぼるにつれて、あたかも幼児が描く絵のごとく不明瞭となっていく。絵が絵として成り立つのは、せいぜい「カンブリア紀」とよばれる時代（いまから五億四〇〇〇万〜四億九〇〇〇万年ほど前）までだ。

それよりも前、すなわち「先カンブリア時代」に、いったいどのようなことが生物の上に起こったのか、その概要を描くのはとても難しい。とくに、真核生物が誕生したとされる二〇億年ほど前の様子は、およそカオス的である。

その時代を描き切ることができる天才は、いつになったら現れるのだろうか。

3-1 生物とは何か、細胞とは何か

New Life Form

全ての生物は細胞からできている

生物の基本単位は何か？

前章の最後にこのような問いかけをしたけれども、現在において、生物の基本単位が細胞であることに、多くの科学者は同意している。したがって、まずはその考え方を知っておかなければなるまい。こういうものを生物とみなすという取り決めがなければ、生物学というのは成り立たない、という背景もあるからだ。

ＳＦには気体生物のようなものが登場することがあるが、少なくとも現在の生物学において、気体は生物にはなり得ない。なぜなら、気体生物には、おそらく「細胞」が存在しないからである。同様に、ポケットモンスター（ポケモン）を生物とみなすなら、「岩石ポケモン」などの類は、おそらく現実には存在しない。この場合の岩石が現実の「岩石」と同じものならば、「細胞」からはできてはいまい。

生物の基本単位が細胞であるという考え方に則ると、地球上でもっとも単純な生物は、たった一つの細胞からできた「単細胞生物」である。これに対して多数の細胞からできた生物が「多細胞生物」だ。世の中の生物は全て、このどちらかに含まれ、それ以外のものはない。

実際、ウイルス以外に、このいわば「絶対的な定義」に反するようなものは、いまのところ見つかっていない。

前章最後でも多少議論したように、細胞が「生物の基本単位である」ということは、細胞は「生きている」ということである。多細胞生物の細胞も、培養フラスコ内ではちゃんと生きている（図43）。しかし、「生きている」ものは、その全てが細胞でなければならないのだろうか？

「生物である」ことと「生きている」こと

生きている。

何気なく使うこの言葉だが、実際、「生きている」とはどういう状態を言うのだろう。少なくとも生物学者が用いるときの「生きている」という言葉が指し示す状態を、きちんと認識しておく必要はあるかもしれない。

まず、生物学者は「生物」に対してのみ「生きている」という言葉を使う。生きるために、生物は、あるいは細胞は、外界から新たな物質を取り入れる。なぜなら、細胞を形作っている物質にも寿命があるからだ。そして不要となった物質は老廃物として外界へ捨てる。

さらに細胞は、まるで石かお地蔵さんか何かのように、ただそこにじっと「存在している」だけというわけにはいかない宿命を負っている。彼らはいろいろと忙しく、活動しなければならない。そのためにはエネルギーが必要となる。

そこで細胞は、外界から取り入れた物質を材料として、そこからエネルギーを得るというしくみをもっている。

私たちが食べるごはんには、炭水化物が大量に含まれている。「でんぷん」がその主たるものである。これを、私たちは消化器官の中で消化し、体内に吸収する。そうしてできた「グルコース」という物質を、血流に乗せて全身の細胞にめぐらし、それぞれの細胞はグルコースから、エネルギー物質である「ATP」(アデノシン三リン酸)を作る。

こうして、生物は「生きている」(図43)。つまり、「生物が生きている」と言った場合、自らの力でエネルギーを作り出し、「体」を維持したり活動したりすることが必要である。

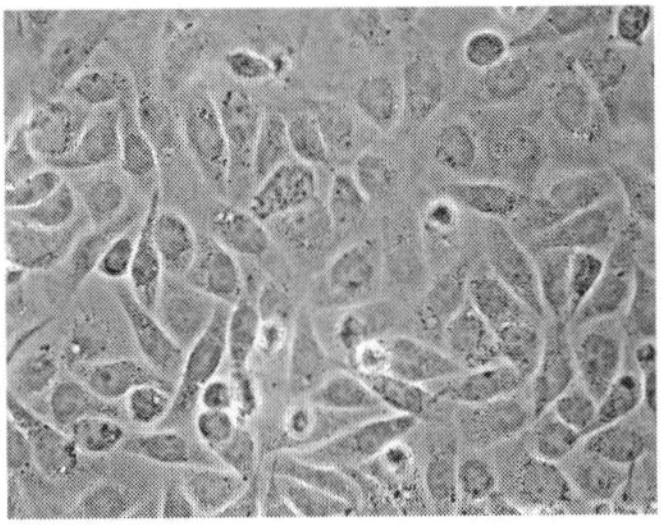

図43 生物は生きている
顕微鏡下にうごめく培養細胞もまた、細胞であるが故に生物であり、したがって「生きている」といえる。これはHeLa(ヒーラ)細胞という、ヒトのがんから樹立された培養細胞だが、もとの〝主〟であったヒトが死んで半世紀以上たった今でも、独立した生物として生き続けている

この「生きている」状態を作るには、自分の力でさまざまな物質を合成したり分解したりできなくてはならない。その全体の様子を「代謝」というが、いうなれば、この代謝を自分の力でする能力をもっていることこそ、「生物が生きている」証であるといえる。

考えてみれば、人間社会でもそうだ。生きるために「自立したオトナになりなさい」などというのは、親がよく子にいう教育的なセリフの典型である。

こうした場合の「自立したオトナ」とは、自分ではたらき、金を稼ぎ、生活をするとか、きちんとした家庭を築くとか、いろいろなレベルのものがあるけれども、生物の場合、他の生物あるいは細胞に依存しないで、自分の力でエネルギーを作り出し、体を維持し、活動を行う能力が必要ということである。

自己複製

しかし、生物は、ただ無為に「生きている」だけではダメだ。

自らを増やす。自らの子孫を増やす。この、もっとも生物らしい性質がなければ、人間たちが「生物」とよんでくれることはない。むしろこの性質もまた、「生物が生きている」うちに含めるべきものだろう。

細胞は、仲の良い兄弟姉妹がまんじゅうを手で割り、均等に分けて食べるがごとく、自らの半ばをくびれさせ、分裂する。「細胞」といえば「分裂」という言葉が連想されるほどに、細胞に「分裂」はつきものだ。

分裂の結果何ができるのかといえば、分裂の前の「親」の細胞と瓜二つの、「子ども」の細胞が二つ。実際には、親は分裂の時点で消滅し、「二人の子ども」が生じるだけだが、第三者の目から見ると、「親」の細胞が自己複製し、その「コピー」が一つできたようにも見えるだろう。

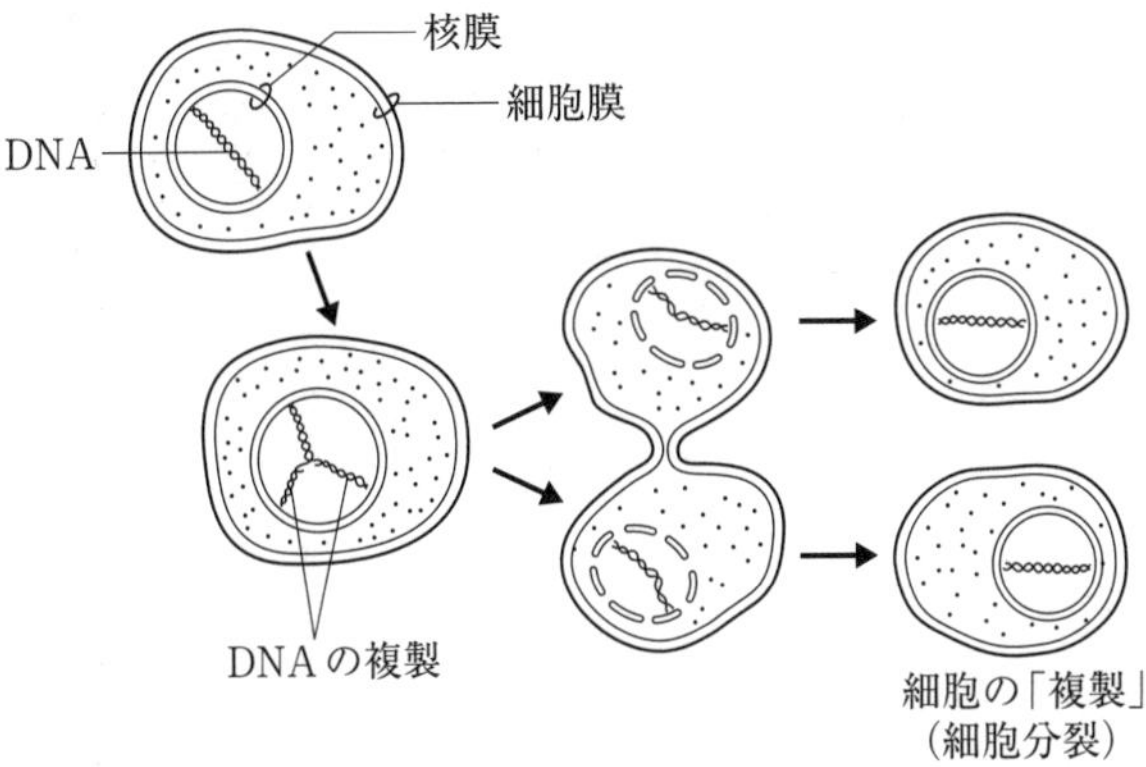

図44　細胞の自己複製
細胞は、そのDNAを複製した後、細胞全体を分裂させることで、自己複製する

むろん、それはコピーなどではないのだけれど。

そうして細胞は、子孫を増やしていく。何度も何度も分裂、自己複製を繰り返しながら、子孫を増やしていくのである(図44)。

ただしこの地球上では、ある一つの細胞のみが純然と数を増やしていくことはない。多くの生物は、お互いに相互作用し合いながら生きているから、ある一つの種類の生物(細胞)だけが増えてしまっては困る。おのずと全体的な細胞の数には上限がある。

したがって、子孫は増やしていくものではない。残していくものだ。

そのために、細胞は自己複製をするのである。

何を作り出せば「生物」といえるのか

ヴィクター・フランケンシュタインという天才的な若き科学者が、例のあの怪物を作り出した背景を思い起こしてみよう。

フランケンシュタインは、自然科学、とりわけ人体の構成、および生命が与えられたあらゆる生き物のそれに興味を惹かれ、やがてその異常な研究の成果として、人間の死体をつなぎ合わせ、怪物を作り上げたのであった。

二〇世紀から二一世紀にかけての生物学の進展は、この小説を、すでに過去の遺物へと追いやってしまった。科学者たちは、決してフランケンシュタインのような異常な研究へと駆り立てられたわけではない。徐々にではあるが確実な生物学的知識の蓄積は、確実に生命の謎を解き明かし、人間をして、自らの手で生命を創造できるところにまで到達させようとしている。

しかもそれは、人間の死体をつなぎ合わせて怪物を創造するなどという、荒唐無稽な話でも、非現実的な話でもない。

生物の基本単位が「細胞」というものにある、ということを悟った瞬間から、私たち人間、いや生物学者たちは、死体をつなぎ合わせるかわりに、一から細胞を組み立てるという方法に向かって、切磋琢磨してきた。

これまで述べてきたように、生物学では、細胞こそが「生きている」最小単位である。人間の手が作り出した細胞、すなわち「人工細胞」が現実のものとなるのは、もはや時間の問題であり、事実としてそういうところにまで、科学は到達している。

しかしながら、もし科学がより進めば、生物とは何か、細胞とは何かといった古来の問いかけに対してだけでなく、「細胞がほんとうに〈生きている〉といえる最小の単位なのか」という域にまで、議論が沸騰する可能性は十分にある。なぜなら細胞よりもさらに下位のレベルの「モノ」にもまた、「生きている」証が存在するからだ。

そこに現れたのが、「巨大ＤＮＡウイルス」という連中だったのである。

3-2 ウイルスが先か、細胞が先か

ウイルスの起源

本書を読んでいる多くの人が抱える疑問は、いったいいつ、どのようにして、ウイルスという奇妙に小さく、生物的かつ物質的で、おかしな「生命体」がこの世に生まれたのか、ということだろう。

ウイルスの起源に関してはいくつもの仮説が林立し、いまだに決着を見ていない。

一つは、かつては細胞であったものが、余計なものをどんどんそぎ落としていって、その結果として必要最小限のパーツのみ残ったものがウイルスである、という考え方だ。これは、2-5節におけるクラヴリと緒方の主張の中で「さまざまなものをそぎ落とすような進化」と紹介したものの一つである。

二つ目は、バクテリアの内部にある「プラスミド」（後述）のような「自己複製因子」が細菌から飛び出し、それがウイルスになったという考え方。

そして三つ目は、生物（細胞）とは全く違う方法で、別個にウイルスが生まれたという考え方である。

現在見つかっているウイルスの全ては、細胞性生物に感染しなければ増殖できない、すなわち「細胞依存性」という性質をもつ。それを考えると、細胞とは別個にウイルスが生まれたとする第三の仮説よりも、もともとは細胞だったという第一、第二の仮説の方が説得力があるように思われるわけだが、ここでそれぞれの考え方を詳しく見てみよう。

第一の仮説

ある一つのものをとると、もう一方のものを犠牲にしなければならない。生物がエネルギーや物質、時間などの限られた資源を、生存や繁殖などの複数の目的に配分するときに用いる関係、すなわち「一方が増加すると他方が減少する」関係を、「トレード・オフ」という。

第一の仮説はまさに、この「トレード・オフ」に該当すると思われる。

もともと細胞だったものが、余計な部分をそぎ落とし、必要最小限のパーツ（タンパク質でできた殻と、その中の核酸）だけを残したものがウイルスであるとするならば、そぎ落としたもののかわりに、得たものがあったはず。

もっとも単純な細胞性生物の一つであるマイコプラズマと、エンベロープのないもっとも単純なウイルス（ノンエンベロープウイルス）を比較したとき、マイコプラズマにあってウイルスにないものといえば、「リボソーム」、「細胞膜」、そして種々の代謝産物であろう。

リボソームは、タンパク質を合成する装置であり、細胞膜は文字通り、細胞の表面を覆う脂質二重膜だ。

リボソームを捨て去ることに伴うデメリットとメリットを考えてみよう。

デメリットとは、独立独歩を是とする人、たとえば若い頃から健康で、歳をとっても矍鑠《かくしゃく》として、息子や孫から世話されるなど考えられない、といった人からその「プライド」を奪い去るようなもの、と言っても過言ではない。リボソームを捨て去るということは、自分でタンパク質を作れなくなることを意味するわけだから、自分の力だけでは生きていけなくなる。独立した生物

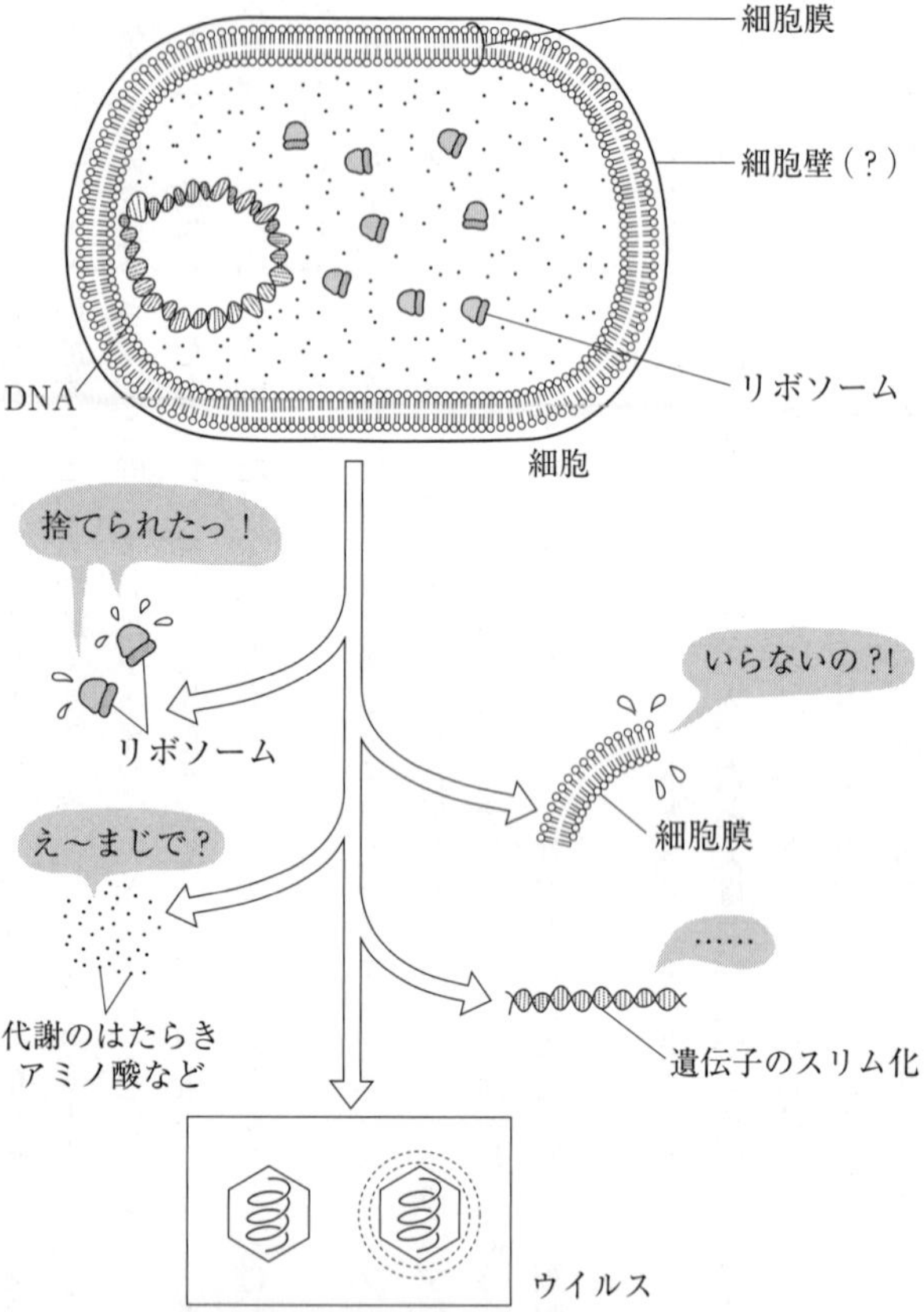

図45　ウイルス進化に関する第一の仮説
ウイルスの祖先となった「細胞」が、リボソームを捨て、細胞膜を失い、アミノ酸など〝余計な分子〟を捨て去り、遺伝子のスリム化を果たして、ついに「ウイルス」へと進化した。このとき、祖先の「細胞」に細胞壁があったかどうかは定かではない。現在のウイルスの細胞依存性を考えると、合理的な仮説である

として、これ以上のデメリットはない。必然的に、「他人のリボソーム」を使うための工夫をしなければならない。

しかしながらウイルスたちは、リボソームを失うというデメリットのかわりに、メリットも手に入れた。

そのメリットとは、エネルギー消費を極端に抑えることに成功したことと、サイズを小さくすることにより格段に高い機動性を獲得したこと。いわば「身軽」になったのだ。

身軽な方がゲノムサイズが小さくて済むし、複製効率も上がる。栄養たっぷりの細胞に「寄生」するだけで、自律的に増殖できる。

こうしてウイルスは、細胞がもっているものを横取りする形で、自らの増殖を達成することに成功した。これが第一の仮説の骨子である(図45)。

第二の仮説

「自己複製」という生物特有の営みのもっとも原始的な形は、DNAが複製する状態であるといえる。

言葉を換えれば、複製するDNAというのは、生物の初期形態の一つではないかということである。

さらにDNAの中でも、長さの短いDNAがワッカ、すなわち環状になったものは、おそらく線状のDNAよりも安定的である。それ故に環状DNAは、複製するDNAのもっとも原始的な状態として、最適なものであるといえるだろう。

そうしたDNAが、じつはバクテリアの中に潜んでいることが知られている。

プラスミドとよばれる小さな環状DNAが、バクテリアの細胞内に、そのゲノムのDNAとは別に存在しているのである。

プラスミドは小さいので、ゲノムのDNAとは独立して自己複製することができ、また容易に細胞から細胞へと移動できる。バクテリアの接合に関わったり、抗生物質に対する耐性を獲得したりするのに重要なはたらきをしているらしい。

一方、「ウイロイド」なる自己複製分子も存在する。これは、植物細胞の中に散見される自己複製するRNAである。これがRNAウイルスと違うのは、RNAの周囲を囲むカプシドを作らないことだ。「ただのRNA粒子」として細胞内に存在するのがこのウイロイドで、時には「じゃがいもやせ病」などの病気をもたらすこともある。その意味では、ウイロイドもまたウイルス的である。

いずれにしても、こうしたプラスミドやウイロイドのような自己複製因子が、バクテリアなどの細胞からとび出したもの。それがウイルスの起源になったのではないかというのが、第二の仮

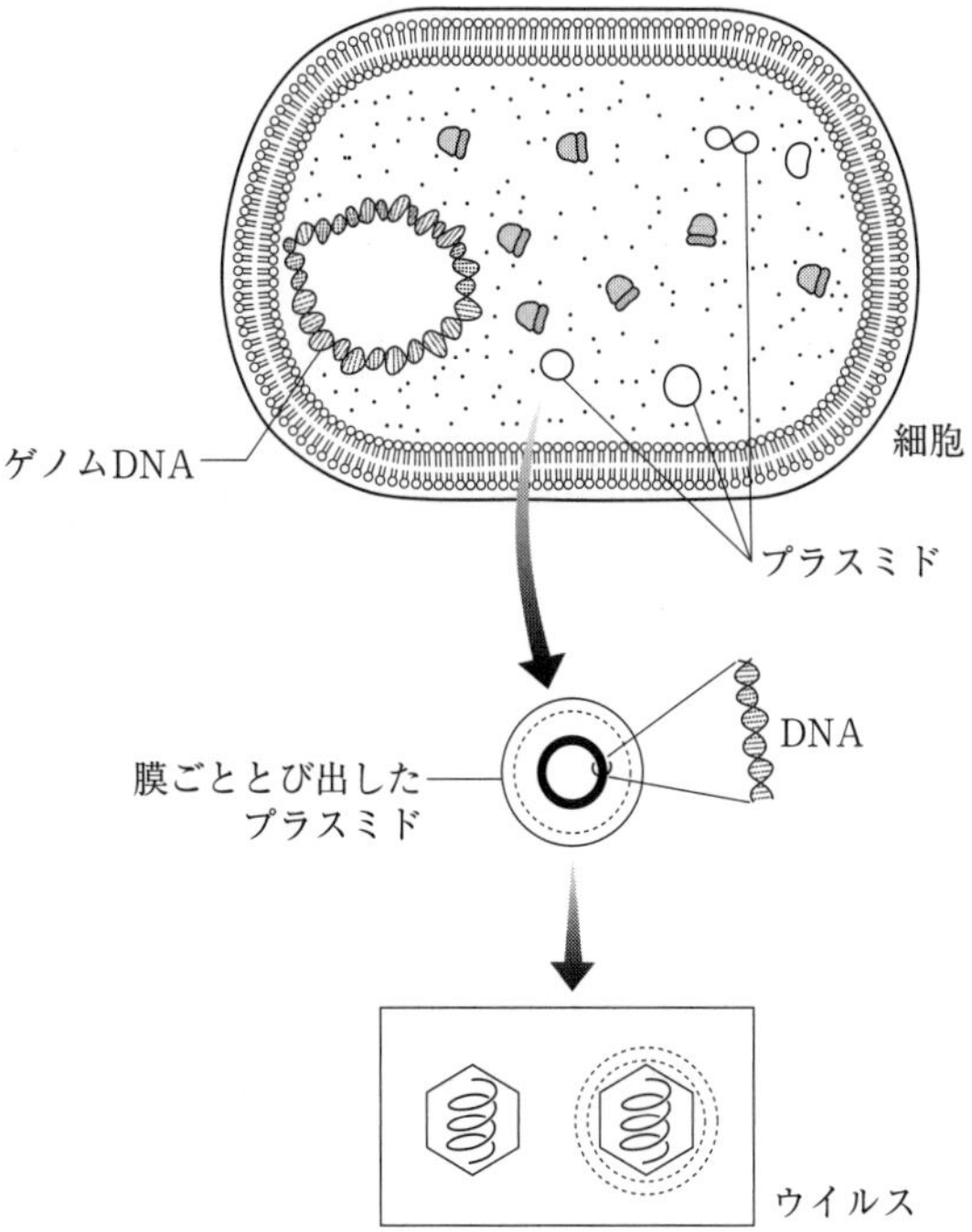

図46　ウイルス進化に関する第二の仮説
祖先の「細胞」の中にあった自己複製因子（プラスミドのようなもの）が膜ごと飛び出して、ウイルスの祖先となった。これもまた、ウイルスの細胞依存性を考えたとき、魅力的な仮説となる

説の骨子である（図46）。

第三の仮説

第一と第二の仮説は、ウイルス最大の特徴である「細胞依存性」を考えたとき、極めて説得力をもつ。その反面、それではなぜ、単に寄生するだけにとどまらなかったのか、なぜ感染と増殖を繰り返す「粒子」にまで自らの体を「そぎ落とす」必要があったのかについては、なかなか合理的な説明をするのは難しい。

考え方を変えてみると、ウイルスと細胞が同じ祖先をもつ必要はない。第一と第二の仮説は、細胞そのもの（あるいはその一部）をウイルスの祖先とみなしているが、もしほんとうにウイルスが生物とは一線を画すべき存在であるならば、ウイルスも細胞も、それぞれ別個に誕生したと考えても格別な不合理性はない。そうして、第三の仮説が登場する。生物（細胞）とは全く違う方法で、別個にウイルスが生まれたという考え方である（図47）。

この第三の仮説における、克服すべきもっとも重要な課題が、「じゃあなぜ現在のウイルスは細胞依存性なのか」であることは明らかである。

ウイルスと細胞がそれぞれ別個に誕生したのであれば、かつてウイルスは細胞から独立して生きていたはずであり、少なくともそうしたウイルスがいまでもどこかにいてもおかしくはない。

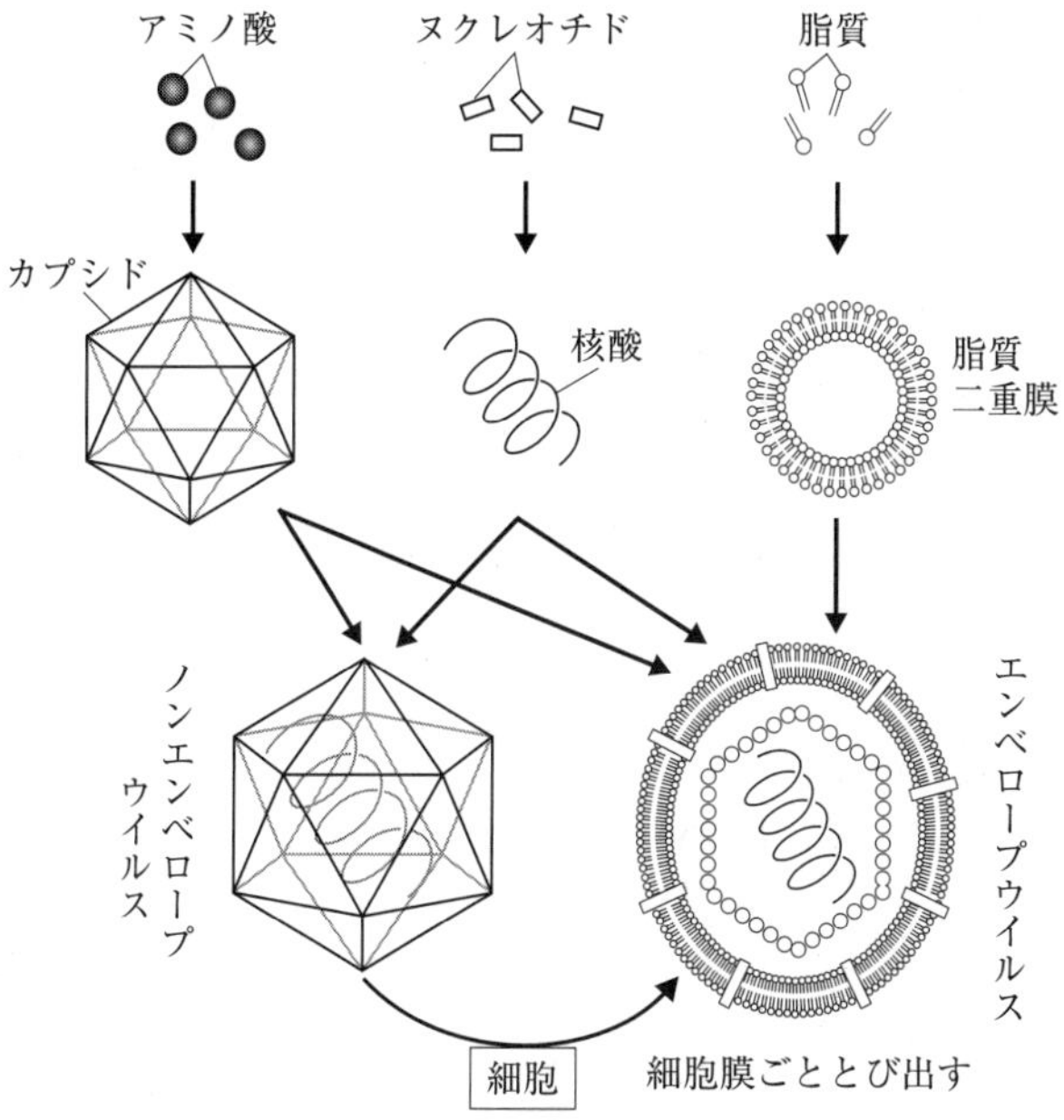

図47 ウイルス進化に関する第三の仮説

アミノ酸が、リボソームを使わない方法でタンパク質を作り、カプシドを作った。ヌクレオチドもまた、何らかの方法で核酸の合成に使われた。これらが組み立てられて、ウイルス（ノンエンベロープウイルス）ができた。一方、脂質二重膜もまた作られ、「細胞」というものができた。やがてウイルスは、より効率よく複製できる性質である「細胞依存性」を獲得し、感染と放出を繰り返すうちに、細胞から放出されてもそのまま細胞膜を引き連れるもの（エンベロープウイルス）が現れた独立して誕生したはずなのに、最初からウイルスが細胞依存性であったと考えるのは無理がある。

しかしながら、次のように考えると、もしかしたらこの克服すべき壁を乗り越えることができるかもしれない。

▣ ▷▷「ウイルスが先」というシナリオ

主流な考え方は、「細胞が先」というシナリオであるから、ここではその逆である、「ウイルスが先」というシナリオの可能性を考えてみたい。

「ウイルスが先」に誕生したと考えるためのもっとも有力な状況証拠は、ウイルスの方が細胞よりも構造が単純だということである。ただし、モレイラとロペス＝ガルシアが述べたように、単純さが古さの証拠にはならないのはもちろんである（2‐5節参照）。

DNAやタンパク質などの生体高分子がどう化学進化を起こして誕生したのかは成書にゆずるとして、そうした生体高分子（やさまざまな低分子の物質）は、どのようにして組織立って、細胞という複雑で自律的な、「精巧な時計」を作り上げたのだろうか。これには、いくつかの注目すべき仮説が提唱されており、いま、進化生物学者のホットな話題の一つとなっている。

そのホットな話題の中に、「ウイルスが先」仮説が入り込む余地があるかもしれない。余地が

130

ある場合、「ウイルスの祖先」が、細胞に依存して増えなければならないようなものではなかったことが必要だろう。

ここで「DNAレプリコン」というものを想定する。DNAレプリコンとは、自律的に複製することができるDNAの単位であり、想定されるその形は、プラスミドのような環状構造を呈している。

生命の起源においては、こうしたDNAレプリコンが自己複製していた世界があって、その中から細胞が誕生したという大きなシナリオがある。

ウイルスが誕生するには、DNAレプリコンがタンパク質の殻をまとえばいいだけの話、と考えることができれば簡単でい

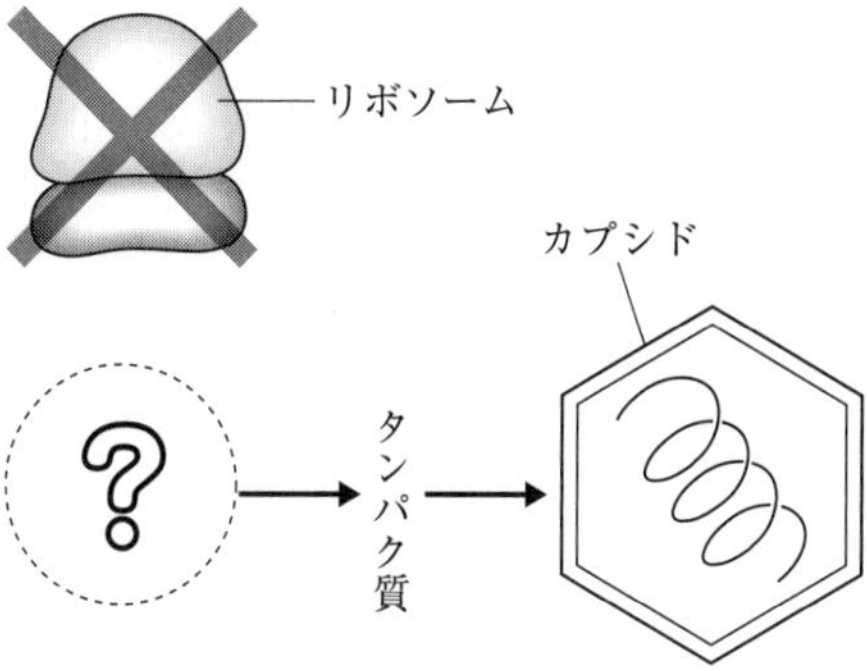

図48 リボソームには依存しないで作られたか？
まだ細胞が誕生する以前の世界では、リボソームとは別のメカニズムでタンパク質（もしくはプロテノイド）が作られていたはずだ。特に、リボソームの成分であるrRNA遺伝子の祖先がすでにあって、触媒作用を発揮していたというのは、RNAワールド（DNAが進化するより前に地球上にあったとする仮想的な生命世界のこと）では十分考えられることであろう。カプシドも、そうしたrRNA遺伝子の祖先によって作られていたのかもしれない

いのだが、問題は、そのタンパク質の殻がどのようにして作り出されたかということだ。

　現在の生物のシステムでは、タンパク質は細胞の中に存在するリボソームでなければ作り出すことができないから、ウイルスが細胞より以前に存在していたわけがない、というのが一つの見方である。

　しかし、細胞が形成される前の世界に、もしすでにタンパク質が存在していたとするならば、いまのシステムとは異なるしくみによって、タンパク質が作られていたと考えることもできる。したがって細胞よりも前に誕生したウイルス（の祖先）もまた、いまのシステムとは異なる方法でタンパク質の殻を作り出したかもしれない。たとえば地質中における鉱物イオンが触媒作用を発揮したとか、高密度に集合した雑多な分子の中から偶然的な触媒作用が生じたとか、じつはrＲＮＡ遺伝子の祖先がすでにはたらいていたなどの結果、さまざまな生体高分子ができた、などの考え方だ。これらもまた、十分成り立つのである（図48）。

巨大DNAウイルスと最初の細胞の誕生

「ウイルスが先」ならば、バクテリアやアーキアの祖先は巨大ＤＮＡウイルスなのではないか。じつはこれが、「ウイルスが先」仮説の骨子である。

　巨大ＤＮＡウイルスの概念を提唱した二〇〇六年の論文において、米国ＮＩＨのアラヴィンドの研究グループ（筆頭著者：アイエル）は、巨大DNAウイルスのゲノム解析から明らかになったその進化の過程を描き出すとともに、生物の進化に関する新たな仮説も提唱した。

2－1節の最後で、こう述べたことを思い出していただきたい。

「原核生物」である細菌は、DNAがもっとも内側にあり、その外側にある脂質二重膜でできた「細胞膜」によって囲まれ、さらにその外側を、ペプチドグリカン（ペプチドと糖質からなる物質）でできた細胞壁によって覆われている。ありていにいえば、巨大ウイルスも、それと同じスタイルであるといえる。

ここでいうウイルスが先という考え方は――この場合は巨大DNAウイルスに当たるわけだが――、巨大DNAウイルスが細胞よりも先に誕生し、レプリコンであるDNAとそれを包み込む脂質二重膜、そしてそれを保護するカプシドという形のものがまずできて、この脂質二重膜がやがて「細胞膜」へと進化し、カプシドが「細胞壁」へと進化して、地球最初の細胞、すなわち原核生物が誕生した、という考え方である（図49）。

しかし、この言い方は、アイエルらが直言していることではない。むろんそれをにおわすような言い回しと図版は、アイエルらの論文中に散見される。インパクトの強い言い方で表現すると、こうなるのである。

アイエルらの論文では、細胞のもとになったのは巨大DNAウイルスではなく、あくまでもD

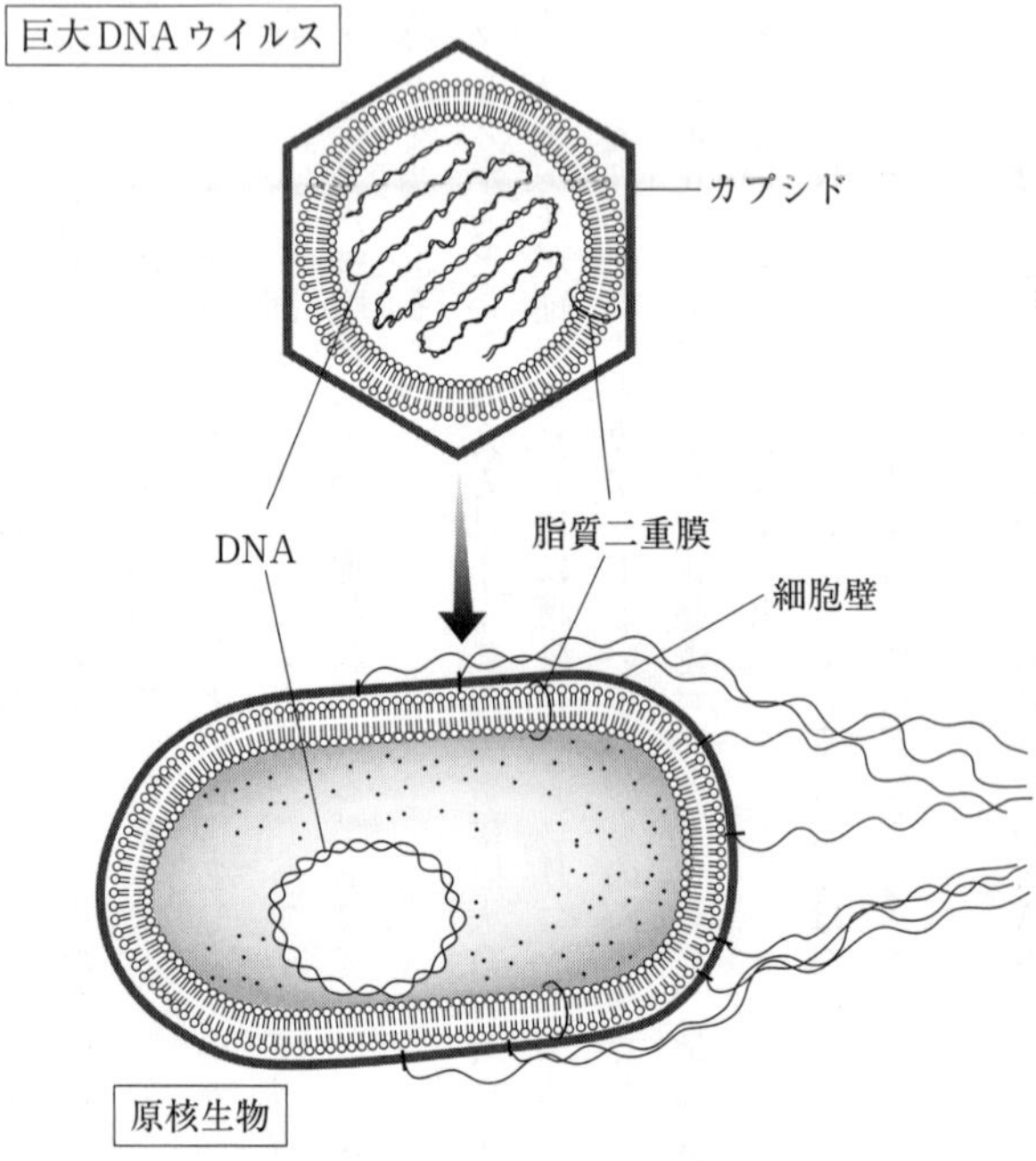

図49　巨大DNAウイルスから原核生物への進化
荒唐無稽なようで、じつはあり得ないとはいえない仮説である

NAレプリコンである。これはウイルスとは異なる概念だが、ただ、DNAレプリコンの実体はほぼウイルス的であるので、筆者は「ウイルスが先」と表現しているにすぎない。DNAレプリコンは、言ってみれば、巨大DNAウイルスの「原型」とも言うべきものである。

DNAレプリコンと脂質二重膜

簡単にまとめると、第三の仮説とも関わるこの「ウイルスが先」仮説では、巨大DNAウイルスの原型としてのDNAレプリコンが、生物とウイルスを含む全ての「生命体」の祖先であるということになる（図50）。最大の根拠は、そのDNAを「複製」するための遺伝子の特徴にある。

というのも、巨大DNAウイルスのDNAポリメラーゼやプライマーゼ、DNAポリメラーゼをDNAにつなぎとめておくための「かすがい」タンパク質（クランプという）などの分子系統を調べると、それがどうやらアーキア・真核生物系列のそれとも、バクテリアのそれとも異なる系統であることが示唆されているからである。

このことから、細胞性生物の誕生以前から、さまざまな系統のDNA複製システムが存在して、そのうちのあるものはアーキアに、あるものはバクテリアに進化し、そしてあるものは巨大DNAウイルスへと進化したと考えることもできる。

それでは、こう考えることによって、なぜ「現在のウイルスは細胞依存性なのか」という課題の壁を乗り越えることができるのだろうか？
たとえば、次のような考え方ができるかもしれない。

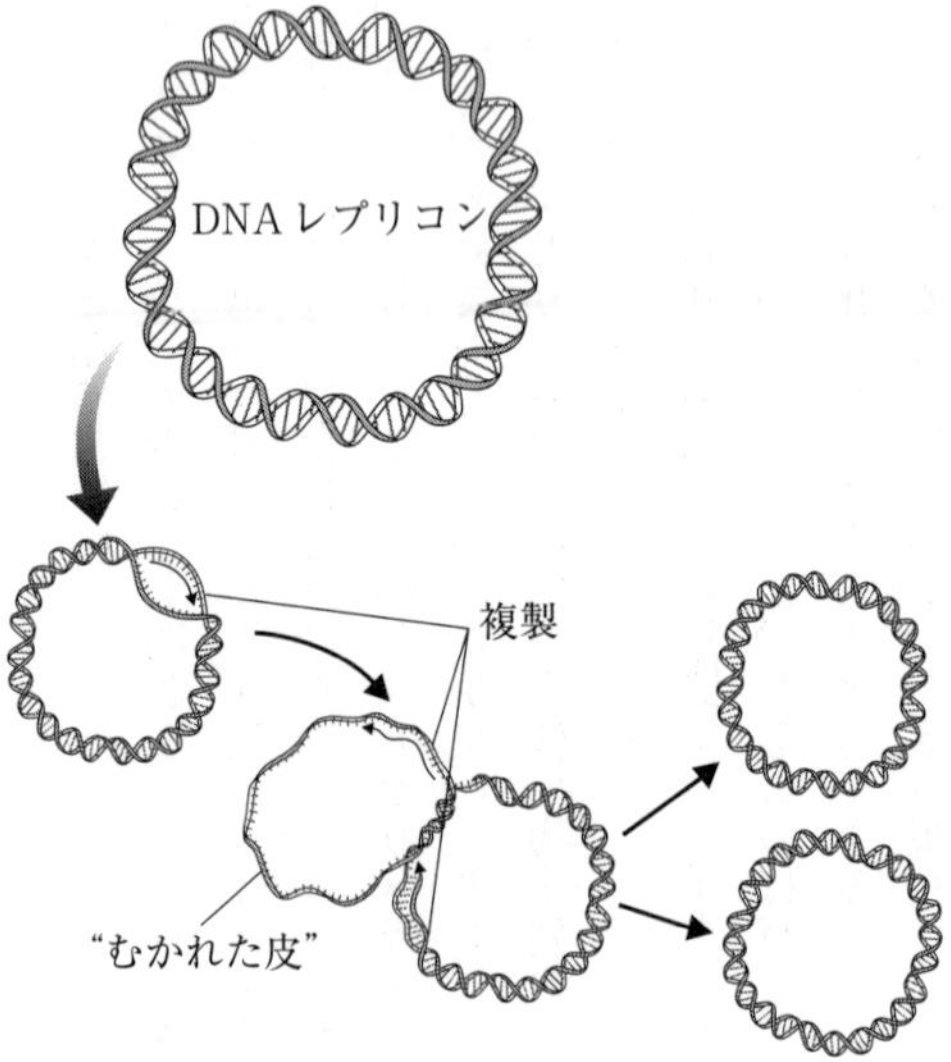

図50　自己複製するDNAレプリコン
この図は、DNAレプリコンが実際にどのように複製されるのか、その典型的なモデルをあらわしている。まず、リンゴの皮をむくようにして一方のDNAが複製された後、むかれた皮に該当する残りのDNAが複製され、２つのDNAレプリコンが生じるのだ。「自己複製」が生物の基本的性質である以上、その萌芽であるDNAレプリコンに「生物」という名を与えることもまた、できるかもしれない

バクテリアも、アーキアも、そして巨大DNAウイルスも、それぞれこのDNAレプリコンから進化したものであるとするならば、さきほど述べたように、脂質二重膜を進化させた時点で、相互作用によるお互いの融合、分裂が起こることは約束されていたと考えることができる。なぜなら脂質二重膜には、それからなる別の「袋」同士がくっつきあうと、脂質二重膜同士が融合して大きな袋になったり、逆に大きな袋が分裂して別々の袋になったりすることが簡単にできるという特徴があるからである（図51）。

脂質二重膜をもったDNAレプリコン同士がそのような融合、分裂を繰り返しながら、やがてあるものが細胞性生物へと進化し、別のあるものが巨大DNAウイルスへと進化していった。その進化の過程においても、両者は融合、分裂を繰り返していたが、やがて後者は、前者への依存度を高めていった。

とはいえ、脂質二重膜よりも外側に存在するカプシド（もしくは細胞壁）や、常に融合、分裂を繰り返す間に起こる遺伝子の水平伝播が、そうやすやすとDNAレプリコンを、細胞性生物と巨大DNAウイルスという全く違う構造をもったものに進化することを許すかどうか。このあたりには課題がありそうだが、現在のウイルスがもつ細胞依存性と、その起源に関する議論の糸口にはなるはずである。

それと同時に、DNAレプリコンと「生きている」こと、そして「生物の基本単位」との関係も、より具体的に浮かび上がってくるのではないだろうか。すなわち、巨大DNAウイルスの原型である「DNAレプリコン」を、生物の基本単位とみなせるかもしれないということである。言い換えれば、DNAレプリコンのもつ「ウイルス的な特徴」そのものを「生きている」といえ

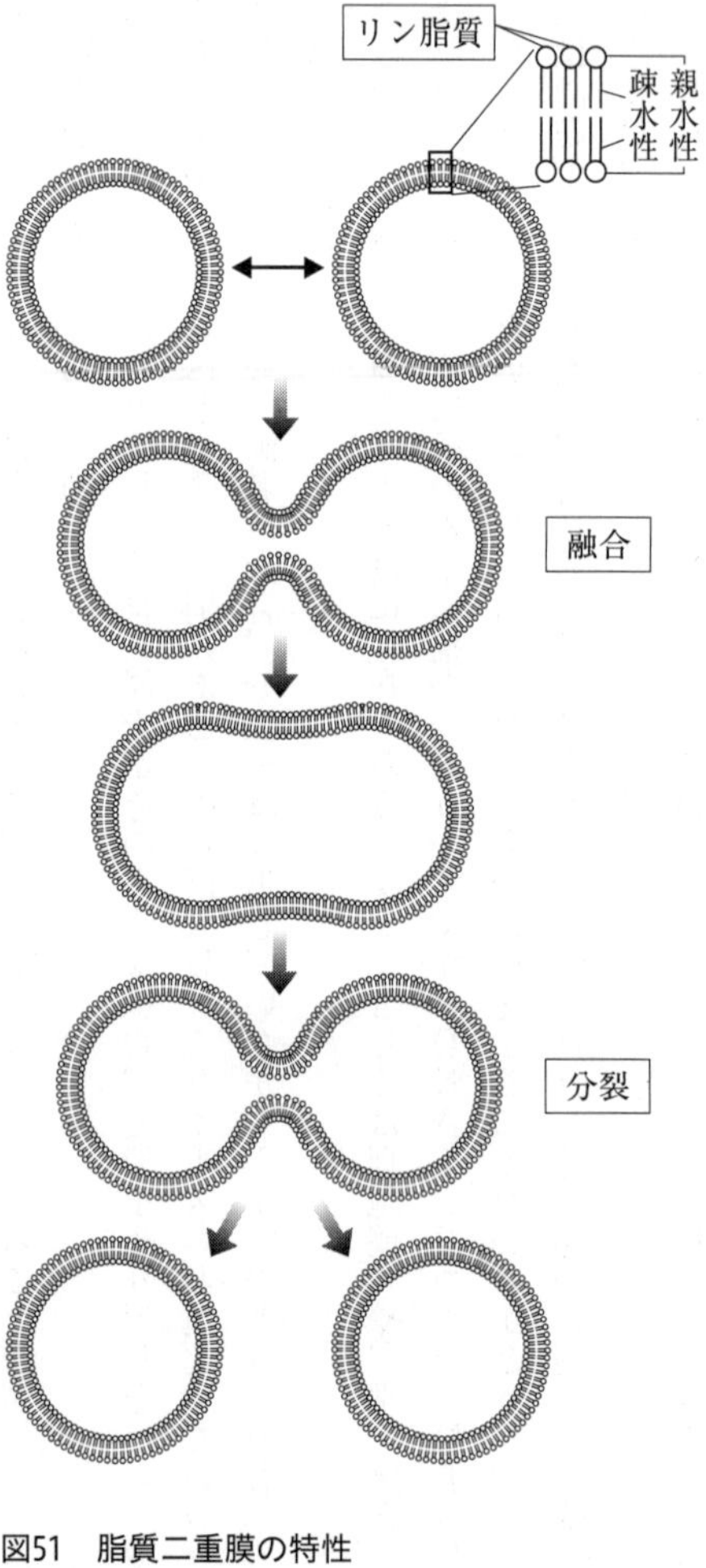

図51　脂質二重膜の特性
融合や分裂が簡単にできる

るだけでなく、より一歩進んで「生物の基本単位」であるといえるのではないか、ということでもある。

3-3 ウイルス工場とヴァイロセル

New Life Form

ウイルス工場

ＤＮＡレプリコンもしくはウイルスを生物の基本単位とみなすという考えは、ただ単にウイルスの起源を考えたときにのみ出てくるわけではない。現在のウイルスが見せるしくみからも導き出される場合がある。

どんな場合でも、何かを組み立てたり、ものを作ったりするときには、ある程度の広さをもったスペースが必要である。スペースが十分にないと、満足にものを作り出すことはできない。ウイルスが、感染した宿主の細胞内で自らのＤＮＡを合成したり、粒子を組み立てたりする場合でも同様である。

テレビの科学番組などでは、細胞内の広い空間にミトコンドリアや核が浮かんでいて、それらの間には何もないかのごとく、まるで宇宙空間のようなスペースが存在するかのように表現される。しかし、細胞の中はそんなに単純ではない。

細胞内には、水分子をはじめ、たくさんのタンパク質の分子、糖質の分子、脂質の分子、RNAなど、じつにたくさんの分子たちが、芋を洗うようにひしめきあっている。もしあなたが細胞よりも小さくなって、細胞膜から侵入して細胞核を目指そうとしても、そうした分子をかきわけかきわけ進まなければならない。まさに一寸先は闇の状態で、手探りで細胞核を目指す必要があるだろう。

巨大DNAウイルスは、宿主の細胞質で自らのDNAを複製するが、そのとき、細胞質内に巨大な〝共同体〟のようなものを形成することが知られている。分子がひしめきあった宿主細胞の中で、効率よく自らを複製するためには、そのためのスペースを作り出す必要がある。

そこは「ウイルス工場」(viral factory) とよばれている。

ポックスウイルスの場合

もっとも古くからその存在を知られていたポックスウイルスの例を挙げよう。

ポックスウイルスの一種であるワクチニアウイルスは、宿主の細胞に感染すると、まるで宿主の細胞核と見紛うような、細胞核と形態的に非常によく似たウイルス工場を、その細胞質に作り出すことが知られている。

これを最初に見出した研究者は、それに、「細胞質のミニ核」（cytoplasmic mini-nuclei）と名付けている。それほど、見た目が細胞核によく似ているのである。

正確に言うと、ポックスウイルスは、細胞質で自身のDNAを複製するとき、ウイルス工場の周囲に存在する宿主細胞の「小胞体」の膜をその周囲に引き寄せ、それを合わせて核膜のように覆ってしまうらしい。小胞体とは、細胞質に何層にもわたって積み重なるように存在する細胞小

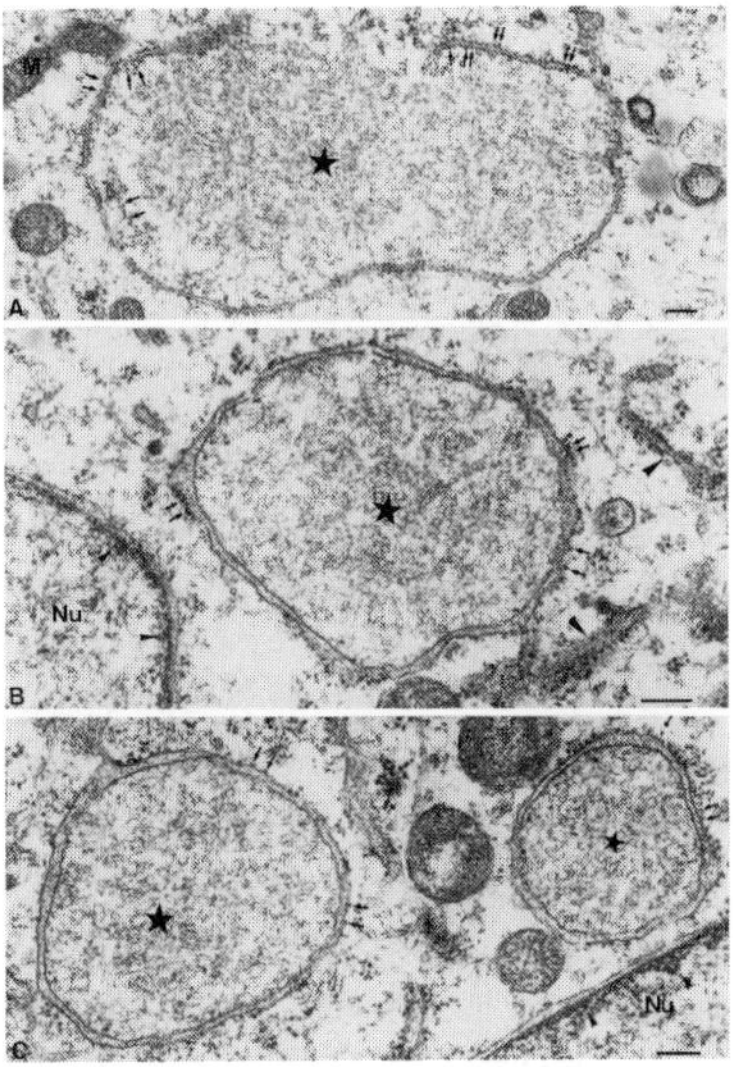

図52　ポックスウイルスの「ミニ核」
★印：ワクチニアウイルスが宿主細胞（培養されたHeLa細胞）に感染して作り出したウイルス工場（ミニ核）。それぞれ二重の膜で包まれているように見える。「Nu」と書かれているもの（写真Bの左端と、写真Cの右端に見える）がHeLa細胞の細胞核である
［出典：Tolonen N et al.（2001）*Mol. Biol. Cell* 12, 2031-2046.］

器官のことで、細胞の外に分泌されるタンパク質が合成される場所である。

論文に掲載された、その様子を写した電子顕微鏡写真（図52）には、細胞核を意味する「Nu」という文字と、ウイルス工場を意味する「★」印が打ってあるが、もしこれらがなかったら、どちらが細胞核でどちらがウイルス工場か判別できないほどに、少なくとも形態的には両者が非常によく似ていることがわかる。ただ、その大きさは明らかに細胞核よりも小さい。だからこそ「ミニ核」なのだ。

真核生物の細胞では、小胞体の膜と核膜は連続しており、ところどころで一体化していることが知られている。小胞体の膜を引き寄せて核膜のように見せることは、こうしたウイルスにとって、格段難しいことではなかったに違いない。

ミミウイルスの場合

このような膜構造の生成は、ミミウイルスでも見出されている。

ミミウイルスもまた、ポックスウイルスと同様に、主に宿主細胞の細胞質において自らのDNAを複製すると考えられているが、ポックスウイルスとは違って、細胞核の中にも侵入し、何かをしているようだ（詳細はまだ明らかではない）。

ポックスウイルス（ワクチニアウイルス）は、細胞質に作り出すウイルス工場の周囲を小胞体

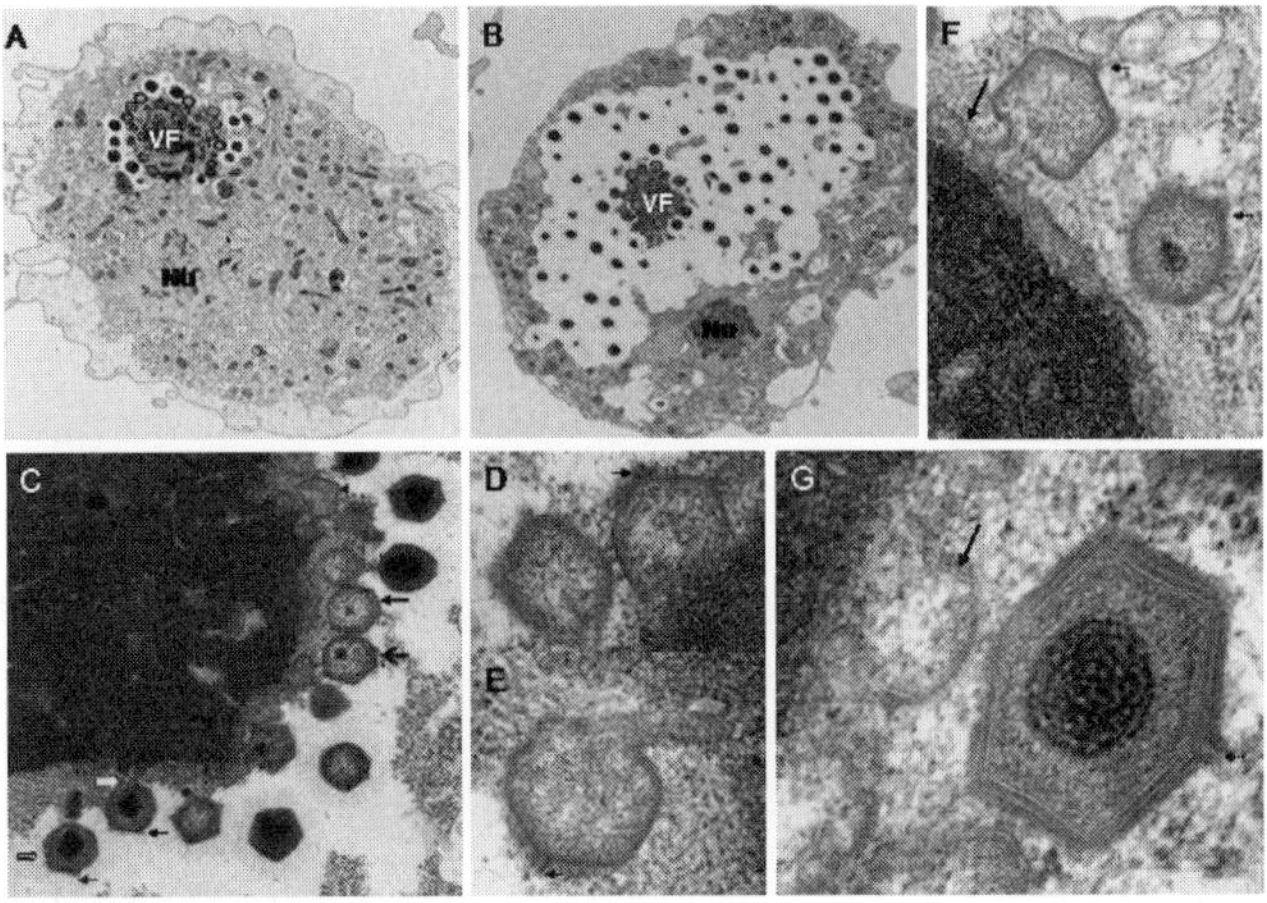

図53　ミミウイルスのウイルス工場
A：感染の8時間後、ウイルス工場が細胞質に形成される。「VF」がウイルス工場である。その周囲にはウイルス粒子が見られる。B：感染の12時間後、細胞質はほぼウイルス粒子で満たされ、かわいそうに細胞核（中央下の黒字「Nu」）は端へ追いやられてしまう。C：ウイルス粒子とウイルス工場の様子。よく見ると、中が空っぽのカプシドや、ほぼ完成したウイルス粒子など、さまざまな段階のウイルス粒子が見られる。D—G：ウイルス粒子が組み立てられていく様子を表しており、F、Gの矢印部分に、ウイルス粒子の脂質二重膜を作る膜構造が見られる
［出典：Suzan-Monti M et al.（2007）*PLoS ONE* 2, e328.］

膜で完全に囲ってしまうが、ミミウイルスの場合はそうではなく、細胞質にウイルス工場は作り出すが、ポックスウイルスほど完璧に、それを囲う膜を、小胞体膜を使って作り上げるというわけではない（図53）。

ただ、完全に囲ってしまわないまでも、ある程度の膜構造は形成されるらしい。ウイルス工場の周囲から新たなミミウイルス粒子ができていく際、その部分に限って、やがてミミウイルスの脂質二重膜を作るための膜構造が形成される。この膜構造は、ウイルス工場の周囲に存在する細胞内膜系（後述）に由来する小胞が、ウイルス工場の周囲に集積し、そこから形成されるとみられている。

ヴァイロセルという考え方

前章の論争でも登場した、「ＲＥＯｓ」と「ＣＥＯｓ」という生物界の新たな捉え方を提唱したフランスの微生物学者パトリック・フォルテールは、他にもある興味深い考え方を提唱している。「ヴァイロセル」（virocell）という考え方である。

フォルテールは、これまでは代謝的に不活性な「ウイルス粒子」（virion）がウイルスの本体であるという考え方があったがために、ウイルスは「生きていない」という考えが支配的だったと述べたうえで、ウイルス工場は「ウイルスを作る工場」（viral factory）（著名な科学者アンドレ・ルヴォフによる定義）ではなく「ウイルス粒子を作る工場」（virion factory）であると読みなおすことを提案する。

ウイルス粒子とは、私たちが通常イメージするウイルスの姿であり、テレビや新聞などで見られる電子顕微鏡写真は、おそらく全てが「ウイルス粒子」である。しかしフォルテールは、この「ウイルス粒子」はウイルスのほんとうの姿ではない、と主張したのだ。

要するに、ウイルスの本体はウイルス粒子なのではなく、ウイルス粒子を作るものこそがウイルスである、というのである。ではウイルス粒子を作るものとは何かというと、「ウイルスに感染した細胞」である。

ウイルスに感染した細胞は、それまでの細胞とは違い、ウイルス遺伝子が指定するタンパク質を作るようになる。そうして新しいウイルス粒子が作られていく（図54）。この、まさに「ウイルスに乗っ取られた状態の細胞」を、フォルテールは「ヴァイロセル」とよび、「とても特殊な例ではあるが」という但し書き付きで、これは一つの細胞性生物であると主張する。そして、「普通の細胞」の〝夢〟は分裂して二つの細胞を作ることだが、「ヴァイロセル」の〝夢〟はウイルス粒子をまき散らすことで一〇〇以上の新たなヴァイロセルを作ることだ、と述べている。

この観点からすれば、ウイルス工場、いや「ウイルス粒子工場」は、まさにヴァイロセルの「細胞核」とよぶにふさわしい。実際、すでに述べたように、巨大ＤＮＡウイルスのウイルス粒

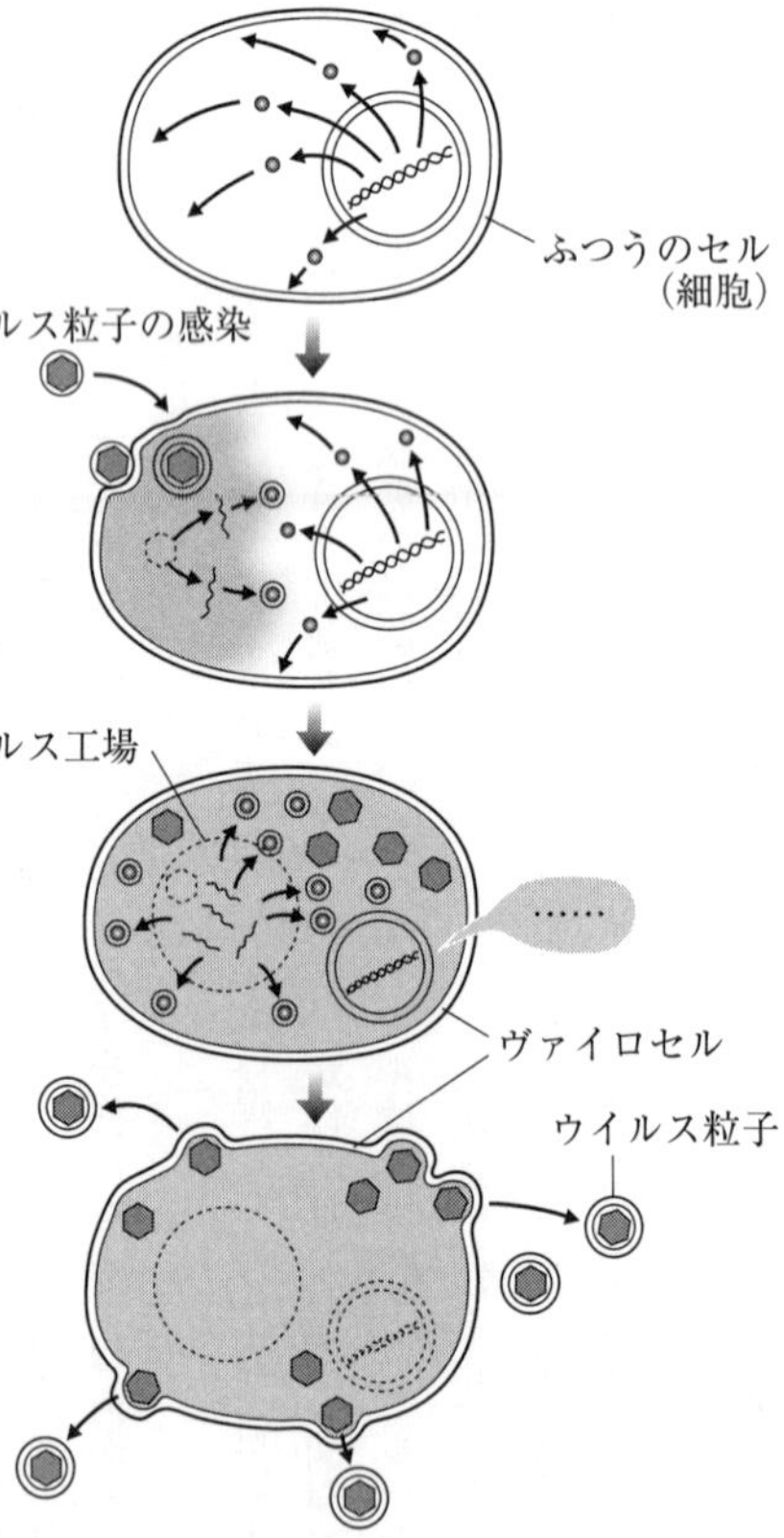

図54　ヴァイロセル仮説
ウイルス粒子は、「ふつうのセル」、すなわち細胞に感染すると、その中で自らの遺伝子を複製し、さらにその遺伝子からウイルス自身のタンパク質を作り出す。細胞は、自らの遺伝子からタンパク質を作る〝活力〟を失い、ウイルスのためにウイルスのタンパク質を作るようになってしまう。この状態が「ヴァイロセル」だ。つまりは「乗っ取られた」のである

子工場は、あるときにはあたかも細胞核と見紛うほどの大きさをもち、時には細胞核と形態的にほとんど変わらないほど類似した状態となる。

そもそも原核生物しか存在しなかった時代には、巨大DNAウイルスは細胞核とは何の関係も

なく、宿主のバクテリアもしくはアーキアに感染し、増殖していたはずであった。

ということは、細胞核ができたことで、巨大DNAウイルスは路線の変更を求められた、ということなのだろうか？ それは、どのような路線変更だったのだろうか？ いやそもそも、細胞核は、はたして巨大DNAウイルスと無関係に進化したものだったのだろうか？

ヴァイロセル仮説は、あくまでも現段階では「アナロジー」の一つにすぎないともいえるが、極めて独創的で議論を巻き起こすアナロジーであろう。「生きている」とはどういうことかという問いかけとともに、ウイルスと、細胞の内部に存在するものの本質的な姿にまで、思いを巡らせるきっかけを作り出したという意味では、極めて興味深いものである。

3-4 細胞核は生きている？

New Life Form

細胞核とは何か

そもそも「細胞核」とはどのような存在だろうか。

真核細胞の細胞核は、「DNAの格納庫」であるといえる。DNAを染色する試薬で細胞を染色すると、細胞核が一面に染色される。言い換えれば、「核を染色する」＝「DNAを染色す

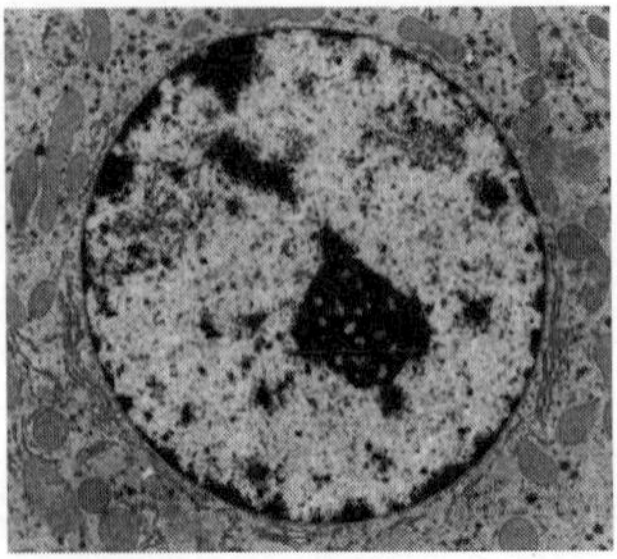

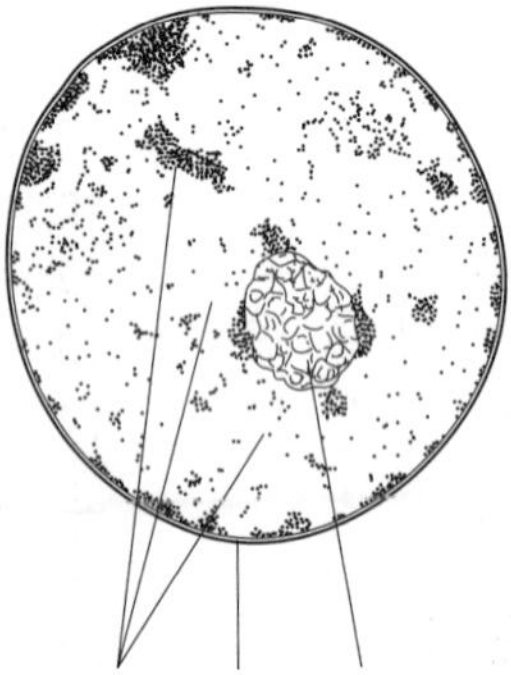

図55　細胞核の構造
顕微鏡下で識別できる細胞核の構造は、核質、核小体、核膜である。このうち核小体は、rRNA遺伝子が活発に転写されてrRNAが合成されている部分であるため、「リボソーム合成の場」として知られている
［写真：Visuals Unlimited/PPS］

る」ということでもある。それだけ、DNAと細胞核は一体化している。

細胞核は、DNAが詰まっている部分である「核質」と、その中のちょいと特殊な領域である「核小体」、そして核全体を覆う、脂質二重膜からなる「核膜」からできている（図55）。核質には、「核マトリクス」とよばれるタンパク質でできた〝骨格〟が張り巡らされ、その間を縫うようにDNAが、ある一定の決まりに従って存在していると考えられている。ここで、遺伝子の「転写」が活発に起こっている（1－2節参照）。

核膜は、小胞体の膜と一部でつながっている。つまり連続しているのである。小胞体は、細胞の外へ分泌されるタンパク質が作られる場であり、そのタンパク質の〝配送センター〟としての役割をもつ「ゴルジ体」との間で、同じ膜で包まれた小胞による連絡を介して、作ったタンパク質の〝配送事業〟を展開している。

このような、細胞内に存在する、脂質二重膜を介した物質輸送系や、ミトコンドリア、葉緑体、リソソームなどやはり脂質二重膜でできている細胞小器官をあわせて「細胞内膜系」という。その系のうち最大のものが、細胞核（を作っている核膜）なのである。

移植できる細胞核

細胞核には、細胞が「生きる」ために必要な遺伝子が存在する。

真核生物のうち、私たちのような多細胞生物は、さまざまな役割に「分化」した多くの種類の細胞からできているが、どんなに形や役割が違う細胞でも、同じ個体に属するものであれば、細胞核に存在する遺伝子のレパートリーは同じである。ただ、どの遺伝子を使っているかが、細胞の種類ごとに違うのだ。どの遺伝子を使い、どれを使わないか、いわばそのコントロールの場が、細胞核というわけである。

とはいえ、細胞核があたかも独裁者のごとく、全てを決めているわけではない。細胞核は、細胞質——いわば作業の現場——と密接に連絡を取り合いながら、どの遺伝子を使うか、使わないかを決めているらしい。

一例を挙げよう。一九六二年、イギリスの生物学者ジョン・ガードンが、後にノーベル生理学医学賞を受賞することとなる、非常に興味深い実験を行った。

カエル（オタマジャクシ）の体の細胞から「細胞核を取り出し」、その細胞核を、未受精卵（まだ受精していない卵）の「細胞核と入れ替えた」のである。その結果、その移植された細胞核がもっていた、それまで体細胞だったときの状態がリセットされ、未受精卵の細胞核と同じ状態になったのだ。これは、細胞核が、細胞質と密接な連絡を取り合っている証拠である（図56）。

いうなれば「細胞核の移植」、すなわち「核移植」である。この核移植は、その後もクローン動物などを作り出す際に行われていて、一九九七年、哺乳類最初の体細胞クローン羊「ドリー」が作られる際にも用いられた。

さっき、細胞核は「細胞内膜系」の一つで、小胞体の膜とつながっているって言ったじゃん！と思われるかもしれない。

確かにそうなのだが、たとえつながっているにせよ、人工的な圧力を加えることで、細胞核だけを、細い注射器の中に吸い取ることができるのである。しかも「生きたままで」。

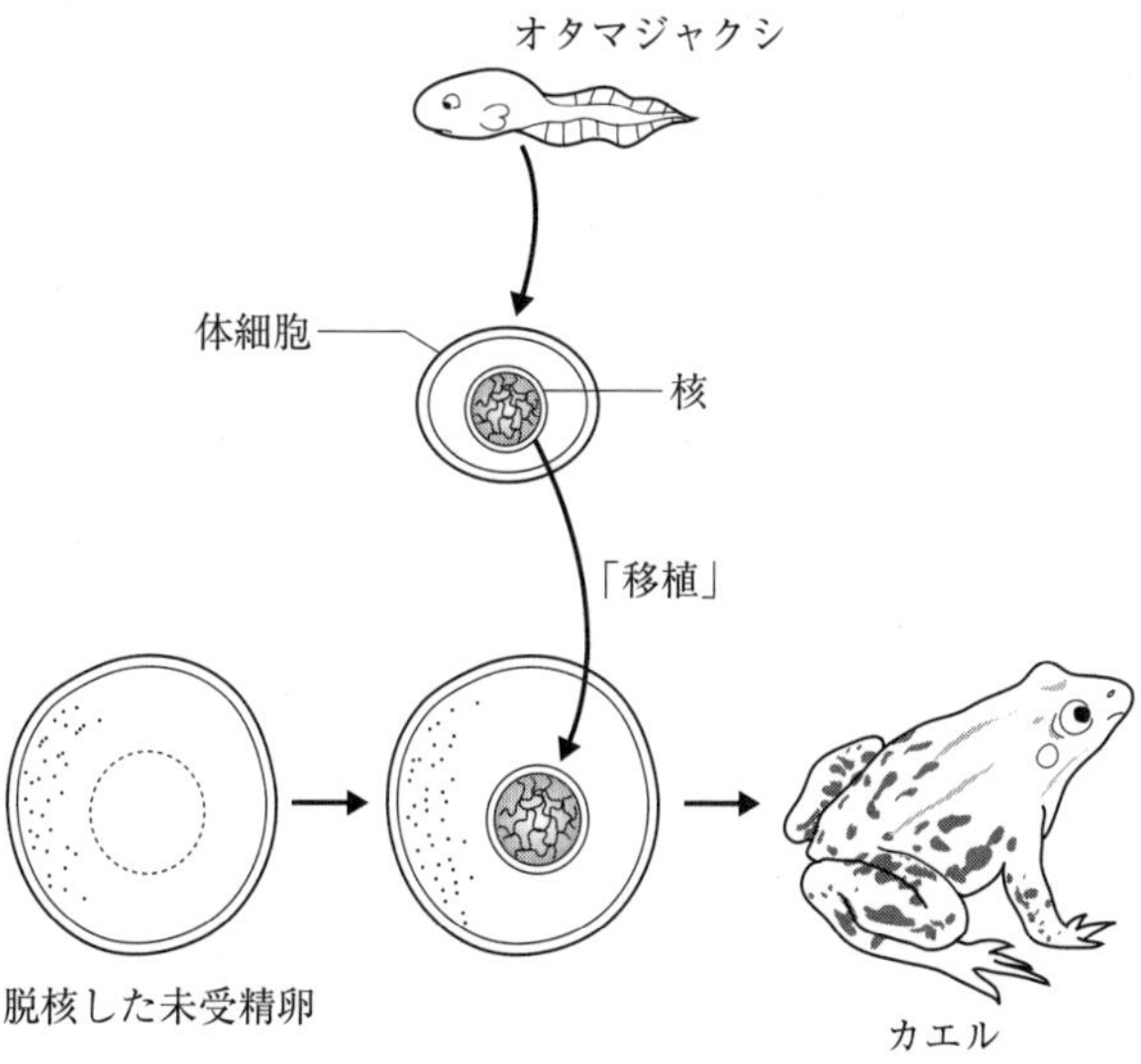

図56　ガードンの核移植実験
体細胞は、通常は分化した後の、何らかの役割を果たすよう特化された状態になってしまっており、受精卵と同じ状態に戻る、すなわち〝赤ちゃん帰り（リセット）〟をすることはない。しかしガードンは、細胞核だけならば、それを未受精卵の細胞質と一緒にさせることで〝赤ちゃん帰り〟させることができることを発見したのである。その数十年後、京都大学の山中伸弥教授は、細胞核を移植しなくても、あるいくつかの遺伝子を導入するだけで、体細胞に〝赤ちゃん帰り〟をさせることに成功した

▌▓ マイコプラズマとヴァイロセル

さあ、こうした場合、細胞核は「生きている」といえるだろうか？

ここで、第2章でも紹介したマイコプラズマの例をもう一度思い出していただきたい。マイコプラズマの一種「マイコプラズマ・マイコイデス」のゲノムを他種のマイコプラズマに「移植」することで、「移植」されたマイコプラズマは、まるで乗っ取られたかのように、「マイコプラズマ・マイコイデス」の特徴を有するようになる、という話である（図38参照）。

もしこのマイコプラズマが、自らの手で自らのDNAを注入することによって、自分と同じ仲間を増やしているとしたらどうであろう。

大腸菌に感染するウイルスであるバクテリオファージもまた、自らのDNAを宿主の大腸菌の内部に注入する。が、大腸菌を乗っ取ってしまうことはない。

しかしながら、フォルテールが提唱する「ヴァイロセル」概念で考えると、大腸菌に自らのDNAを注入し、その結果として大腸菌内で数多くのバクテリオファージ「粒子」が作られているとき、この大腸菌はもはや大腸菌ではなく、バクテリオファージにさせられてしまった細胞、すなわち「バクテリオファージのヴァイロセル」である、と考えることができる。このヴァイロセルこそがバクテリオファージの本体なのだ。教科書などによく載っているバクテリオファージの

152

第3章 「生きている」とはどういうことか

写真は本体ではなく、単なる「粒子」を写したものにすぎない。

となると、他種のマイコプラズマに自らのDNAを注入したマイコプラズマと、そうしてマイコプラズマにさせられてしまった細胞との関係もまた、これと同じように考えることができるのではないか。「ヴァイロセル」も、「マイコプラズマ・マイコイデス」のゲノムに乗っとられたマイコプラズマも、実質的には「同じ」ではないか、と。

■≫ まるでウイルスに似ている

細胞核の場合はどうであろうか？

ジョン・ガードンが明らかにしたのは、体細胞という分化した後の細胞の細胞核を未受精卵に移植すると、その核の状態を「リセット」できることだったが、逆に、ある細胞Aの細胞核を別の細胞Bに移植し、細胞Bを細胞Aと同じ状態に変える、すなわち「乗っ取る」ことは可能だろうか？

じつは、ある種の藻類（紅藻類）で、「乗っ取り」ともとれる現象が観察されている。紅藻類の中には、他の紅藻類に「寄生」するものが知られており、これは細胞核を二個もっている。そのうちの一つの細胞核を、宿主である別の紅藻類の細胞内に、あたかも感染させるがごとく「注入」するのだ。細胞核を注入された宿主細胞は、今度は自分が寄生者になったがごとく、自らの

153

細胞内で複製して増えた寄生者の細胞核を、隣の細胞へと注入するのである。

こうした事例は限定的ではあるが、それだけを見ると、細胞核は「生きている」ように思える。

いまのところ細胞核だけを取り出し、それを培養することはできない。なぜなら細胞核にはリボソームがないからである。したがって、細胞核自体は現段階では「生物」ではない。

これまで述べてきたように、リボソームがないウイルスが、他の細胞のしくみを利用しないと自己複製できないのと同じで、細胞核もまた、リボソームがたくさん存在する細胞質の中にあってこそ「生きている」といえる。

言い換えると、細胞核単独で「生きている」といえる状態を作ることはできないが、他のもの（すなわちリボソームがある細胞質）の力を借りたときには「生きている」といえる状態を作ることができる。

その様はまるで、ウイルスそのものではないか。

154

3-5 ミトコンドリアと葉緑体

New Life Form

細胞の中での共生

共に生きる、と書いて「共生」という。「自然との共生」といえば、人間と自然（に含まれる生物）が共に生きることを指す。

生物学用語としての「共生」には、「二種の生物がいっしょに生活し、どちらも害を受けない現象」という意味がある。しかし、そういう状態において、ただ単に「どちらも害を受けないだけ」では、共生には進化戦略上の意味はそれほどない。

たいていの場合、共生には、それに関わる生物にとってのメリットがある。そうでなければ、多くの共生の事例が、世界中で見られるわけがない。

ミミウイルスがその発見当初、アカントアメーバ内に共生した細菌であると思われたように、ある種の細胞内に別種生物が「共生」している現象はよく知られている。

たとえば、有名な共生の例として、アリはアブラムシの出す液を摂食して栄養とする一方で、アブラムシはアリによって外敵から身を守ってもらっている、というものがあるが、じつはアブ

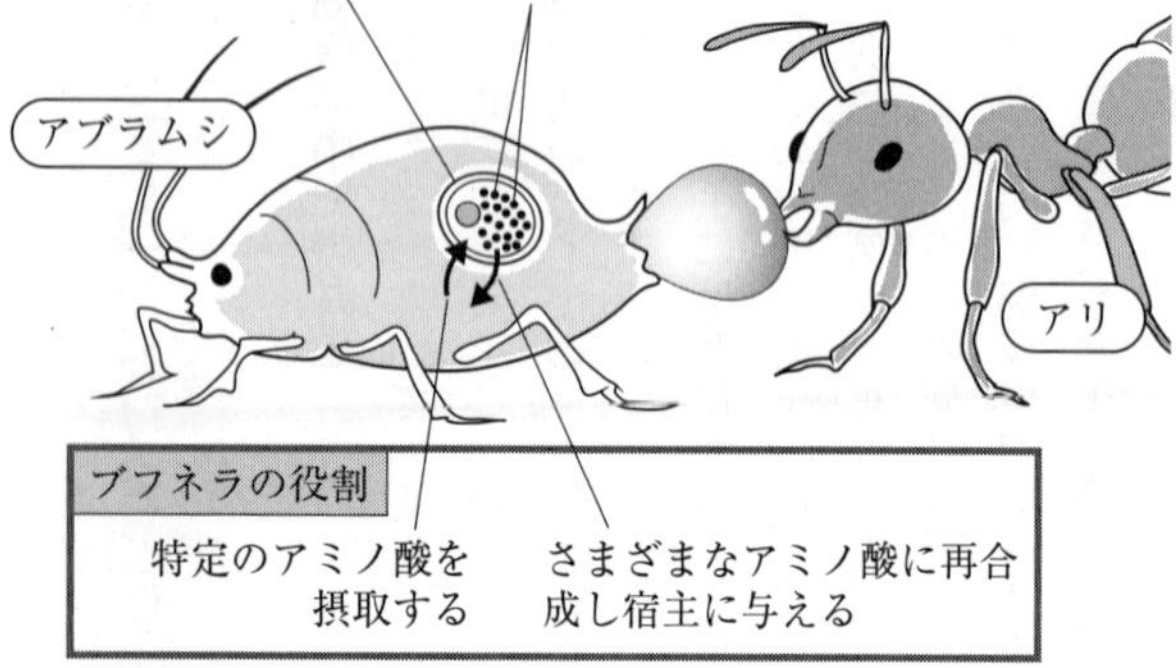

図57　アブラムシとブフネラ
マトリョーシカのように、共生もまた「入れ子」になりうるらしい

ラムシの体内でもまた、さらなる共生が行われていることが知られている（図57）。

アブラムシの体内には、「菌細胞」という特殊な細胞がある。その名が表しているように、この細胞の中に、アブラムシは「ブフネラ」というバクテリアを共生させている。このように、ある生物の細胞の中に別の生物（細胞）が共生することを「細胞内共生」という。

ブフネラは、アブラムシの体内でしか生息できず、アブラムシもまた、ブフネラの存在なしには生きることができなくなっている。なぜなら、アブラムシがブフネラの遺伝子の一部を自身のゲノムの中に取り込んでしまっているからである。

ブフネラは、植物から得られた特定の種類のアミノ酸を、さまざまな種類のアミノ酸に再合成し、それを宿主であるアブラムシに供給する。アブラムシもまた、ブフネラの生育に必要な遺伝子をブフネラから「預かり」、タンパク質を合成してブフネラに戻しているらしい。まさに共生（ともいき）の名にふさわしい生物間相互作用だ。

共生説

さて、バクテリアによる細胞内共生のうち、太古の昔に共生関係を結んだバクテリアが、やがて進化して、私たち真核生物にとってなくてはならない「細胞小器官」になったという学説は、広く知られている。

この学説を「共生説」という。これは、アメリカの生物学者リン・マーギュリス（２－２節参照）によって提唱されたもので、高校生物の全ての教科書に掲載されていることからもわかる通り、現在ではほとんどの研究者が認めている学説である。

共生説の「主役」は二つ。一つはミトコンドリアであり、もう一つは葉緑体である。いわば、「細胞核の仲間」たちだ。

ミトコンドリアは生物の「呼吸」を一手に引き受けている細胞小器官であり、葉緑体は植物細胞において「光合成」を一手に引き受けている細胞小器官である。

ミトコンドリアは、酸素と炭水化物を利用して、エネルギー物質であるＡＴＰを大量に作る。

それを、私たちの細胞が利用する。葉緑体には「クロロフィル」とよばれる色素があり、これが光を受け止め、そのエネルギーを化学エネルギーに変える。植物はそのエネルギーを利用して二酸化炭素を取り込み、炭水化物を作る。

ミトコンドリアと葉緑体の進化

共生説を支持する説得力のある証拠はいくつかある。

第一に、ミトコンドリアも葉緑体も「分裂」するということ。バクテリアは「分裂」によって増殖するが、面白いことに、ミトコンドリアや葉緑体もまた、「分裂」によって増える。

第二に、ミトコンドリアにも葉緑体にも独自のDNAがあるということ。細胞のDNAは細胞核の中にあるが、ミトコンドリアと葉緑体には、細胞核の中にあるDNAとは異なる、どちらかといえばバクテリアのDNAに非常によく似たDNAが存在する。

第三に、ミトコンドリアにも葉緑体にも、リボソーム、すなわちタンパク質を合成する装置が独自に存在する、ということ。しかもそのリボソームを構成するrRNAは、どちらかと言うとバクテリアのそれに近い。

こうしたさまざまな状況証拠、ならびにバクテリアの分子系統解析などから、ミトコンドリアは、「αプロテオバクテリア」という好気性バクテリアが、私たち真核生物の祖先に「共生」

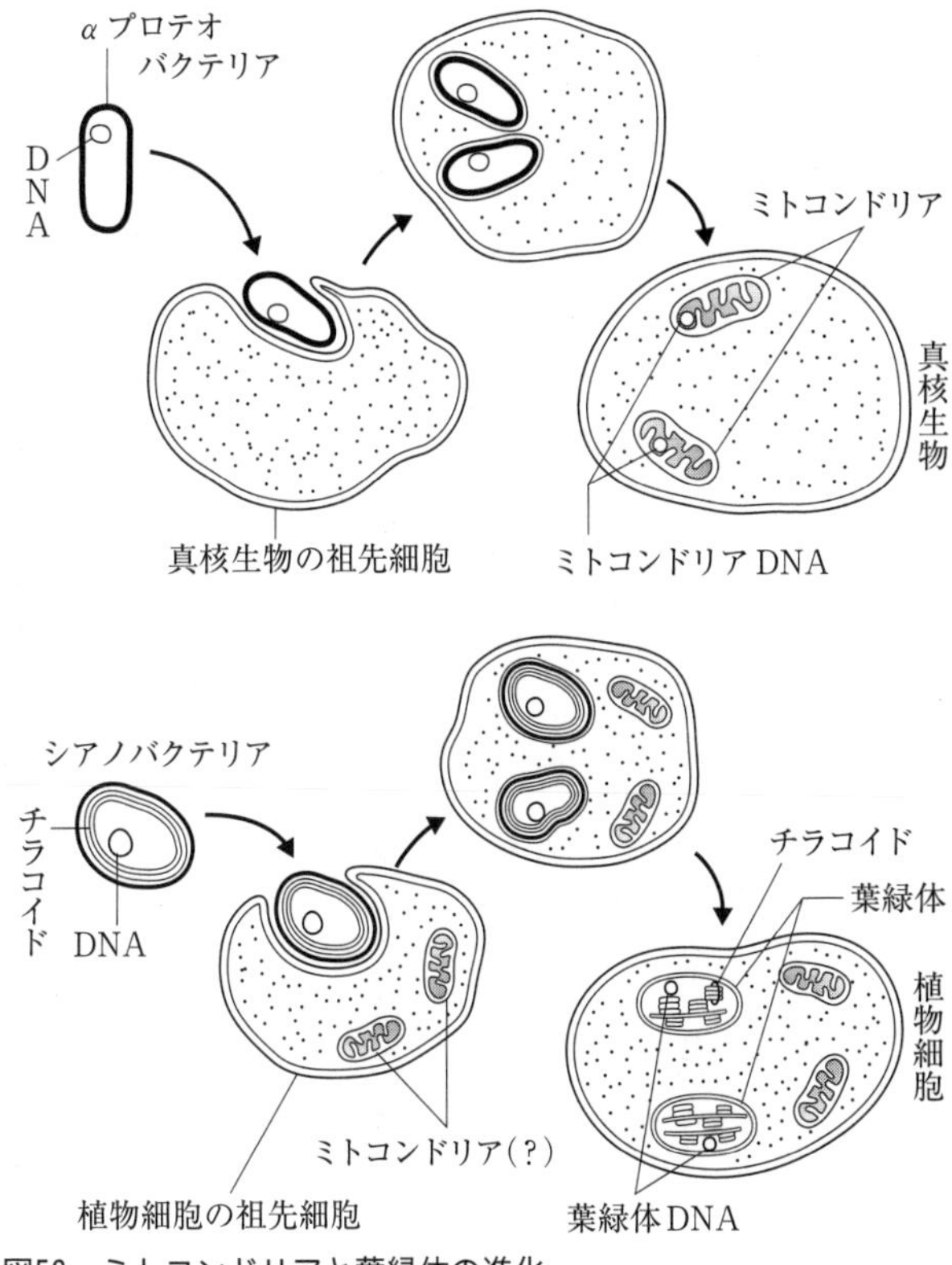

図58　ミトコンドリアと葉緑体の進化

（上）ミトコンドリアの進化。バクテリアの一種「αプロテオバクテリア」が私たちの祖先の細胞（このとき、細胞核があったかどうかはわからない）に共生したものが、やがてミトコンドリアへと進化した

（下）葉緑体の進化。光合成を行う膜成分（チラコイド）をもった光合成細菌（シアノバクテリアの一種）が植物の祖先細胞（すでにミトコンドリアや細胞核はあったと思われる）に共生したものが、やがて葉緑体へと進化した

し、進化してきたものであり（図58上）、葉緑体は、クロロフィルの祖先分子をもち、太陽の光を利用して光合成を行っていた「光合成バクテリア」が、植物の祖先に「共生」し、進化したものであると考えられている（図58下）。

そうして進化してきたミトコンドリアと葉緑体。彼らははたして「生きている」といえるだろうか？

リケッチアならびにシアネルとミトコンドリアならびに葉緑体

「リケッチア」は、ミトコンドリアの祖先であったバクテリアと同様、αプロテオバクテリアに属し、宿主の細胞内に寄生してのみ増殖することができる寄生性バクテリアである。「偏性細胞内寄生体」とよばれるものの一種だ。人間との関係でいうと、発疹チフス、日本紅斑熱、ツツガムシ病などの病気の病原体として知られている（図59）。

宿主の細胞内に寄生しないと増殖できないのは、増殖に必要な遺伝子を保有していないからに他ならない。その意味ではウイルスと非常によく似ているが、やはりここでは、ミトコンドリアの性質に近いという方が適切であろう。しかもミトコンドリアと同様に、「呼吸」に関わる遺伝子を保有し、そのメカニズムもミトコンドリアにそっくりであることが知られており、リケッチアは、かつてミトコンドリアが歩んだ進化の道筋を、やや遅れてたどっている「生物」なのではないかとも考えられている。

同じような事例が、葉緑体でも知られている。灰色植物や有殻アメーバの一種パウリネラの細胞内に見られるチアネル（シアネル）とよばれる細胞小器官がある。これは、緑色植物に存在する「葉緑体」に該当するものだが、緑色植物などの葉緑体に比べて、形態や色調などがよりシアノバクテリアとよく似た特徴を有している。

このことから、シアネルは、葉緑体の中でもシアノバクテリアから進化してまだ間もない、比較的初期の進化段階にあると考えられている。

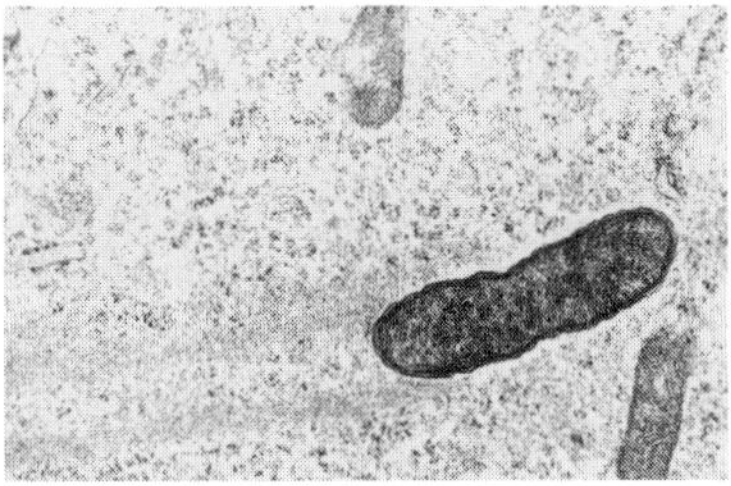

図59 リケッチア
［写真：Visuals Unlimited/PPS］

このような、共生説を裏付ける「ミッシングリンク」と思しき生物（もしくは細胞小器官）が存在するということは、これらの進化が漸進的であって、厳密に「ここからが生物」、「ここまでが生物」などときっちり分け隔てることが難しいことを物語っている。ミトコンドリアも葉緑体も、「生きている」といえるかもしれない。

しかも、細胞核とは違い、彼らには「リボソーム」がある。自らの力でタンパク質を作り出すことができる。

このように考えると、ミトコンドリアと葉緑体は、巨大DNAウイルスや細胞核よりは、他のものの力を借りずに「生きている」とみなすための材料が揃っているといっていい。

しかしながら、リボソームがあるにもかかわらず、ミトコンドリアや葉緑体には、独立して生きていけるだけの遺伝子はすでに存在しない。それを試験管の中で取り出したとき、彼らがそこで「生きている」ことを実感することはあるまい。

やはりミトコンドリアも葉緑体も、細胞の中にあってこそ機能を発揮する（「生きる」）ことができるのであって、その力を借りる必要はあるのだ。その意味では、細胞核や巨大DNAウイルスとあまり変わらない。

漸進的な生命観

この章において筆者は、DNAレプリコン、細胞核、そしてミトコンドリアや葉緑体が「生きている」といえるかどうかという話をしてきた。そうして、他のもの（つまり細胞）の力を借りれば「生きている」といえるという、一応の結論には達したかもしれない。とはいえ、やはり「お茶を濁している」とみなされても仕方はあるまい。理由はただ一つ、「生きている」とはどういうことなのか、どのような状態を指すのか、その統一的な理解がなされていないからに他ならない。

誤解をしないでいただきたいのだが、筆者は、こうした例があるから、一義的に「細胞が生物の基本単位であるとみなすことはよくない」と言っているわけではない。

確かに、生物学の範疇で語られるためには、ある一定の決まりが必要だ。その決まりの一つが、一九世紀に確立された「細胞説」に則った、生物は「細胞」が基本単位であるという姿勢である。

しかし、その生物がさまざまな非生物的環境から影響を受けていることが事実であって、その「非生物」が生物の進化に大きな影響を与えてきたことが明らかとなったとき、ただ「細胞膜でできていないから」「自立していないから」とか、そういった機能上、構造上の制約のみをもち込んで、「生きている」「生きていない」という概念上の事柄を議論する必然性は、もはやなくなってきているのではないか、と筆者は考えるのである。

さきほどミトコンドリアや葉緑体について、「『生きている』ことを実感することはあるまい」という言い方をした。なぜなら、彼らは本質的には「生きている」のだけれども、私たち人間がそれを「生物として生きている」とみなしていないからである。これは、細胞核についても、そして巨大DNAウイルスについても同様だ。

ミトコンドリア、葉緑体、細胞核、そして巨大DNAウイルスは「生物ではない」。そう考えることと自体は、確かに科学的根拠に基づいており合理的だ。しかし、生物ではないけれども「生きている」と、そう思えるようなさまざまな状況があるのも事実である。

いずれにせよ、「生物である」ことと「生きている」ことを、はたして区別すべきか、せざるべきかという問題は、そう容易に解決しそうにはない。

それからもう一つ。

漸進的に起こる生物の進化については、それがあるとき、突然「生物」になるわけではない。そしてそういうコンセンサスが研究者の間にあるにもかかわらず、なぜ生物学者たちは、現在地球上に生息しているさまざまな生物や「非生物」については、その境界を明確に分け、言い方は悪いけれども「生物のもつ漸進性の存在を無視する」のだろうか？（図60）

境界に位置するものもいるはずなのに、なぜそれをあえて「どちらか」に分けようとするのだろうか？

巨大ＤＮＡウイルスは、その「漸進性」を体現するモノとして生物学上極めて重要な位置を占めている、と筆者は思うのである。

巨大ＤＮＡウイルスワールドとその起源。第４のドメイン。ヴァイロセル仮説。「生物とは何か」に関する新たな議論。

巨大ＤＮＡウイルスが発見されたことで、生物学の一部の分野に波風が立ち、それは時に、こ

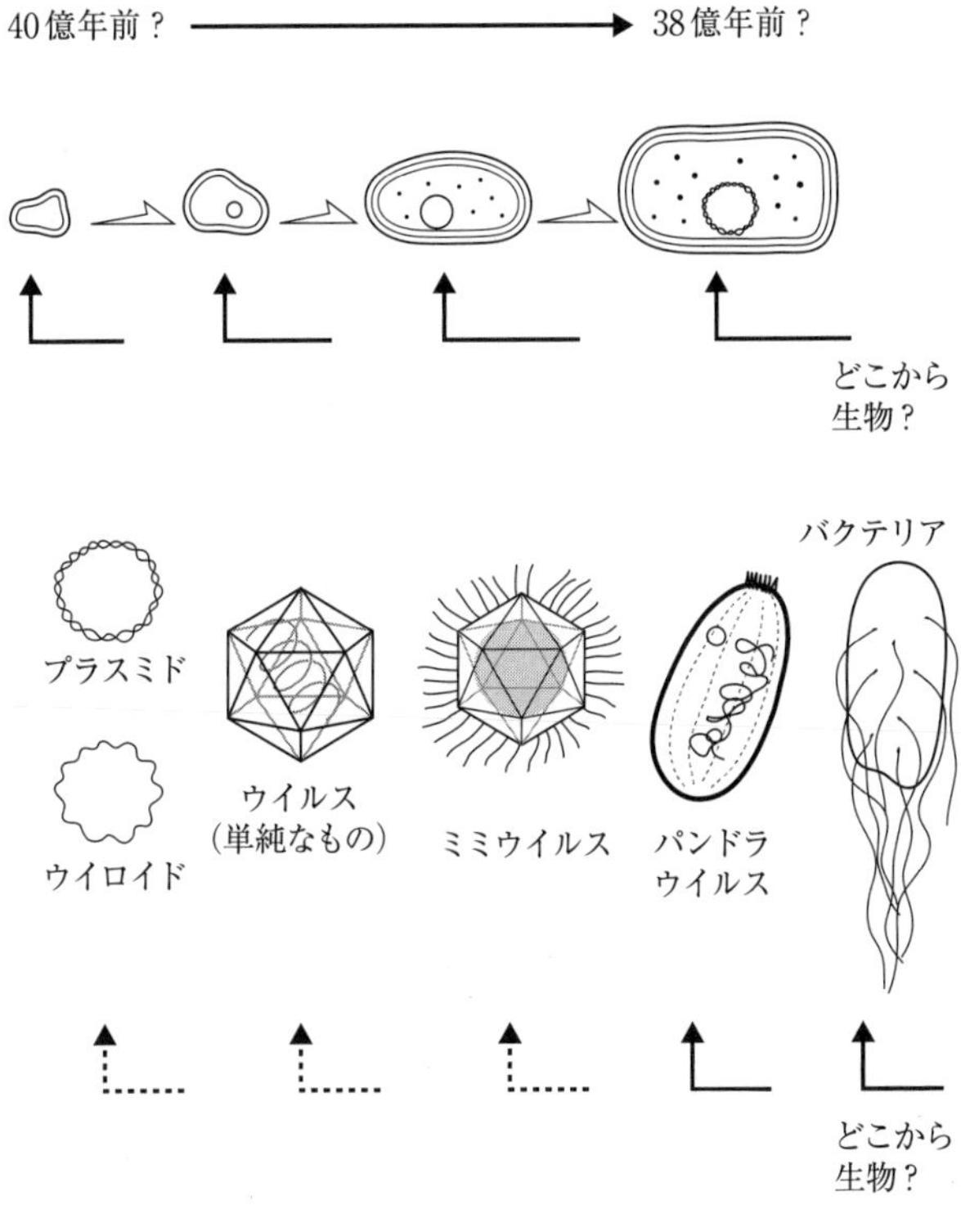

図60 生物のもつ漸進性
どこから生物か、生物と無生物（非生物）を分ける厳然たる境界は果たしてあるのだろうか？ 進化は漸進的なものであるが（上図)、同様に現在の生物のありようもまた、漸進的なのではないのだろうか？（下図）「どこから生物か」を厳然と分けている現在の状況は、やがて古臭くなっていくに違いない

れまで述べてきたような魅力的な学説を生みだそうとしている。

そして、「生きている」とはどういうことか?

その答えはいまもって明らかではないが、少なくともこうした、境界領域に存在する〝生命体〟がどのように生まれ、どのように進化してきたかを知れば、ある程度その答えに近づくことができるかもしれない。

はたして生物は、細胞は、細胞核は、そして巨大DNAウイルスは、いったいどのようにして誕生し、どのように進化してきたのだろうか?

次章では、これまで述べてきた、最近明らかになってきた巨大DNAウイルスに関する知見をもとに、新しい初期生命進化論に思いを馳せてみることにしよう。

第4章

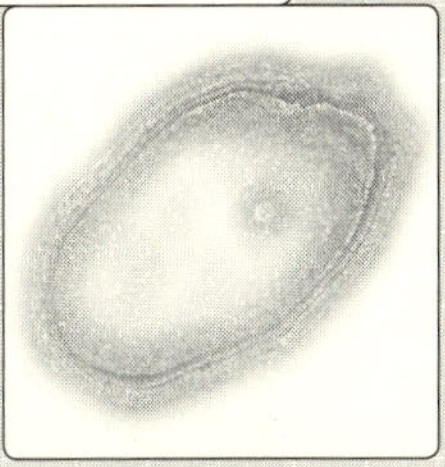

New Life Form

新しい初期生命進化論へ

巨大ＤＮＡウイルスは、生物と非生物との境界線を引きなおす検討を、私たち生物学者に指示しているかのような存在である。第４のドメインに関する議論は、そのきっかけであろう。

真核生物の進化が生物界に与えた影響は、とめどなく大きいが、そこにもし巨大ＤＮＡウイルスの祖先が関わっていたとしたら、その生物学における重要性は、その名の通り、もしかしたら古今例を見ないほど「巨大」となるかもしれない。

そこから、はたしてどのような「初期生命進化」を、私たちは描き出すことができるのだろうか。

4-1 細胞核と巨大ＤＮＡウイルスとの関係とは

New Life Form

細胞核と「翻訳」

一九九九年の春から夏にかけて、筆者は英国オックスフォード大学に三ヵ月間、客員研究者として短期留学した。留学した先は、ユニバーシティ・パークという広大な公園に隣接して建つサー・ウィリアム・ダン病理学研究所のピーター・クック博士の研究室（以降、「クック研」）である。ここで筆者は、ある細胞生物学的手法を学んだ。

クック研のポスドクで、スペイン人のフランシスコ・イボラは、その当時おそらく一〇〇キロは超えていたであろう巨漢で、すこぶる陽気な男だった。みんなから「イボ」とよばれ愛されていた彼の研究は、独創的で面白いものだった。「細胞核の中で翻訳が起こっている証拠を見つける」という、ほんとうだったら常識破りな研究だったからである。「翻訳」とはもちろん、mRNAの塩基配列をもとにリボソームでタンパク質が合成されるという、あのセントラルドグマの一過程のことだ。

真核生物では、「翻訳」は細胞核の中ではなく、その外側、すなわち細胞質で起こる現象である。なぜなら、1-2節でも述べたように、リボソームが細胞質にあるからだ。だから、リボソームがない細胞核の中で、タンパク質の合成すなわち「翻訳」が起こるはずはない。

いや、正確には「細胞核には、完成し、機能するリボソームが存在しない」と言うべきだろう。

というのも、リボソーム自身は細胞核の中で作られるからである（図55参照）。リボソームは、細胞核の中の「核小体」で作られ、細胞質まで運ばれ、そこでタンパク質合成装置としての機能を発揮するのである。

反論

イボは、翻訳が行われている場所を蛍光物質で見えるようにし、さらに細胞から取り出した細胞核でも実際にそれが起こっていることを確かめた。このイボの論文は、二〇〇一年、科学誌『サイエンス』に掲載され、話題となった(図61)。

細胞核の中で実際に「翻訳」が起こっているとすると、作られたばかりのリボソームがきちんと機能するかどうかを、細胞核の中で実際にタンパク質を合成させてチェックしているという考え方や、細胞核の中で転写されたmRNAの品質をチェックする際に、細胞核の中にそれ専用のリボソームがあり、タンパク質を合成させてチェックしているという考え方ができる。

しかし、このイボの論文に対しては反論も出た。アメリカ・ウィスコンシン医科大学のジェームズ・ダールバーグは二〇〇三年、細胞から取り出した細胞核にリボソームがコンタミ(混在)していただけではないか、人工的な実験操作によって「翻訳」に関わる因子が細胞核に移動して、そこで「翻訳」が起こっているように見えただけなのではないか、との意見を述べている。その後、クック研以外の研究グループからも細胞核内での「翻訳」に関する論文がちらちらと出てきてはいるが、決定的なものはまだなく、現在でも、細胞核の中での「翻訳」の正否については、まだ決着を見ていない。

イボとは研究上の接点はなく、そのスペインなまりのコクのある英語の聞き取りに苦労したのを覚えている。しかし、セミナーで身振り手振りを伴いマシンガンのように大声でしゃべるので、彼のはじき出すデータにはそれだけで説得力が付け加わっていた。もちろん、たとえ彼が小声でぼそぼそとしゃべる男であっても、そのデータはとても興味深く、クリアなものだったのはいうまでもない。

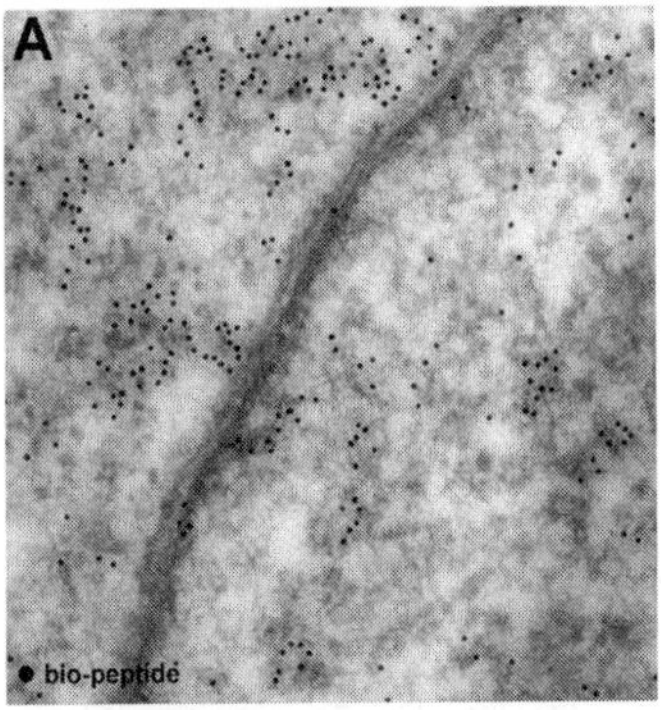

図61　細胞核での「翻訳」
クック研の手法である「permeabilized cell」（透過性細胞）という、普通の細胞よりも比較的物質の通りをよくした細胞に、「ビオチン」という物質を標識したtRNAを入れると、翻訳が行われている部分にビオチンが標識されることになる。これを電子顕微鏡で検出したのがこの写真だ。黒い細かい粒子のように見えるのが、そうして標識された翻訳が行われている場所。細胞質（左上）のみならず、核質（右下）でも翻訳が起こっているように見える。真ん中の二重線は核膜である
［出典：Iborra FJ et al. (2001) *Science* 293, 1139-1142.］

ウイルス工場が作り出す細胞核的な構造

なぜ細胞核の内部では「翻訳」が起こらないのかという問いは、言い換えれば、進化の過程でどのようにリボソームが細胞核から排除されたのかという問いであるともいえる。これは、細胞核の起源を考えるうえでも重要なポイントである。

現在、細胞核の起源についてはいくつかの仮説が提唱されている（図62）。たとえば、細胞核を包み込む核膜は、真核細胞の祖先であった原核細胞の細胞膜が内側に陥入してできたとする仮説、細胞内に多くの「小胞」が作り出され、それらが複雑に統合したり分離したりして核膜を含む細胞内膜系が作り出されたとする仮説、そして、嫌気性のアーキア（メタン生成古細菌）が、酸素を利用してエネルギーを取り出す好気性バクテリア（δプロテオバクテリア）の集団の内側に封じ込められるように共生した結果、細胞内膜系が誕生し、嫌気性のアーキアのゲノムを中心とした細胞核が誕生したのではないかとする仮説、などである。

いずれの場合も、「細胞内膜系が進化して核膜を形成した」というプロセスを考えている点では共通しているといえる。

3-3節でも述べたように、巨大DNAウイルスの一つ、ポックスウイルスが宿主の細胞に感染すると、そこで細胞核に似た構造を作り出すことが知られている。さらにミミウイルスでも、

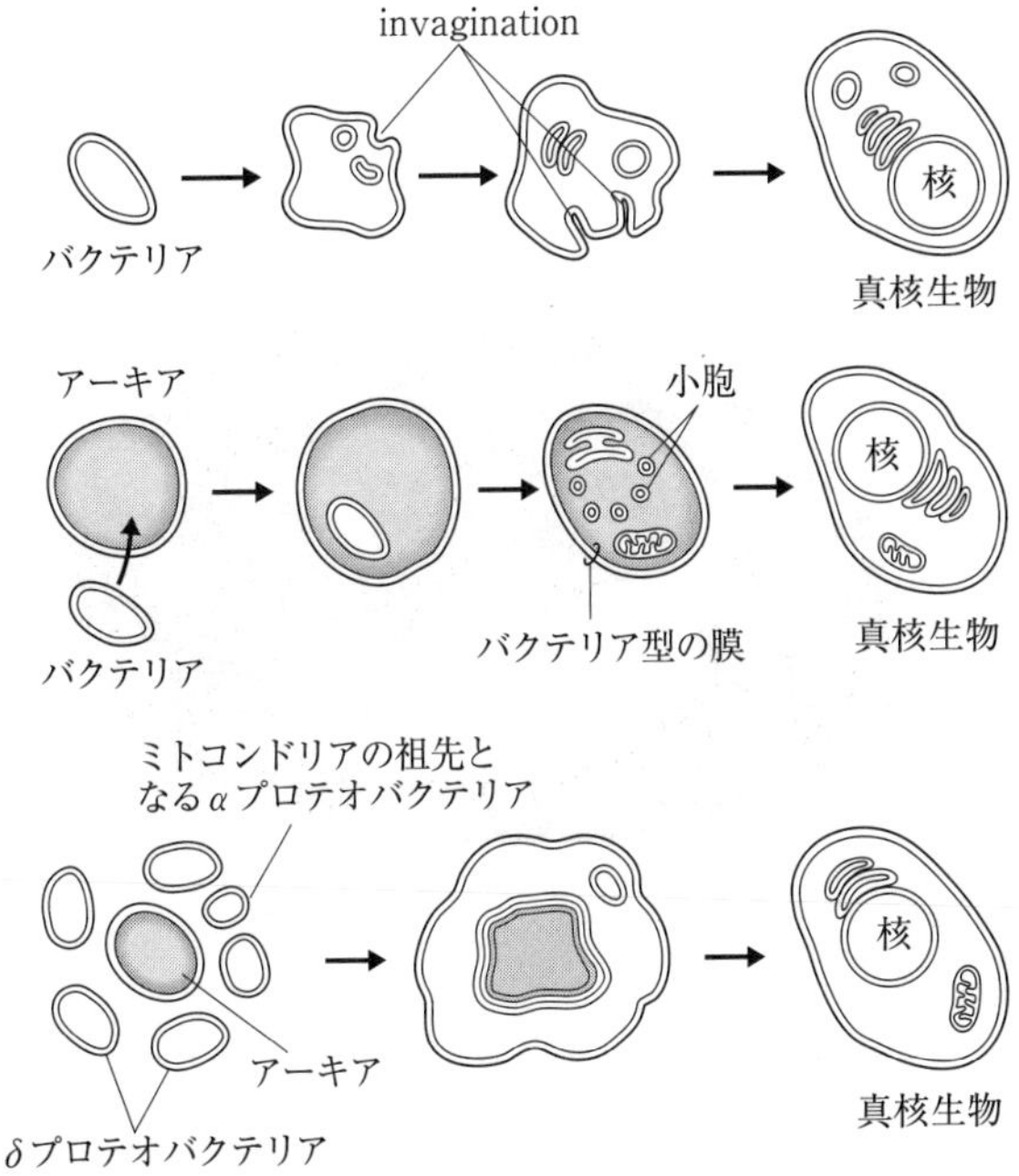

図62　細胞核の起源に関するいくつかの仮説
(上) 細胞膜が内側に陥入し、核膜になったとする仮説
(中) 細胞内に小胞が作られ、それらが発達して細胞内膜系、そして核膜を作ったとする仮説。この仮説では、真核生物の細胞膜がアーキアよりもバクテリアに近いことの説明として、バクテリア（αプロテオバクテリア）の共生の結果、それが作り出す脂質に入れ替わったとしている
(下) 嫌気性のアーキアの周囲を好気性のδプロテオバクテリアが囲い、それぞれの細胞膜が複雑に入り組んで細胞内膜系を作り、核膜を作ったとする仮説
［出典：Martin W.（2005）*Curr. Opin. Microbiol.* 8, 630-637. より改変］

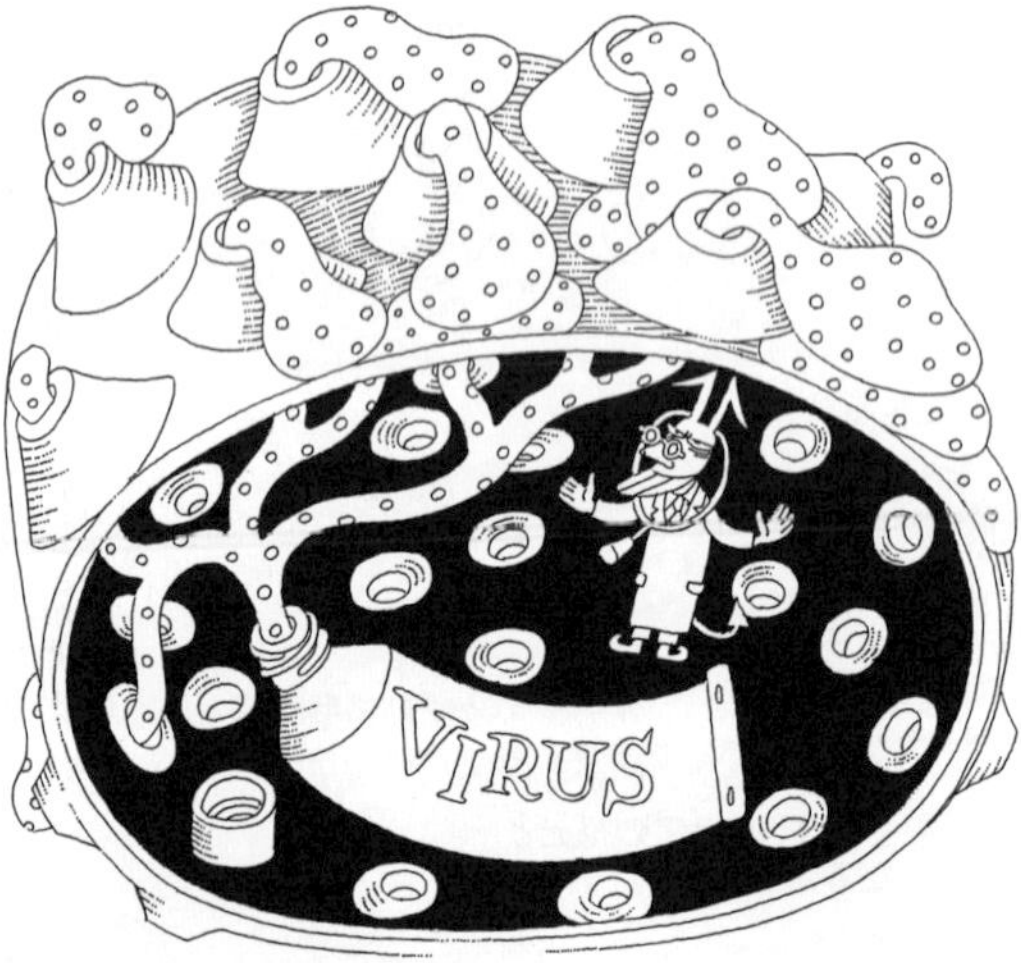

図63　ウイルスがきっかけとなって核膜が進化した？

ポックスウイルスほどきっちりと膜によって覆われる形ではないが、細胞核とほぼ同じ大きさのウイルス工場が作られることがわかっている。

その際に小胞体などの膜が寄せ集められて核膜（のような構造）になる。

これは、さきほど述べた「細胞内膜系が進化して核膜を形成した」とするプロセスに似ている。

すなわち、巨大ＤＮＡウイルスの祖先細胞への感染が、ウイルス工場を介した、細胞内膜系の核膜への進化のきっかけを作った、と考えることもできるのである。やがて、そうしたウイルス工場「膜」が、巨大ＤＮＡウイルスの感染が繰り返されるうちに常態化し、核膜が形成されたのではないか、ということだ。

筆者は二〇〇一年に、DNAウイルスが細胞核の起源となったとする仮説を提唱しており（当時はウイルス工場ではなく、ウイルスそのものが細胞核になったと考えていた）、その数ヵ月後にはオーストラリアの微生物学者フィリップ・ベルも同様の仮説を提唱しているが、巨大DNAウイルスに関する昨今の研究は、筆者とベルによるこの仮説を、やんわりと後押ししてくれているることになる。3－4節の最後で、細胞核を「ウイルスそのものではないか」と評したが、まさにその細胞核の起源に、ウイルスが関わっているかもしれないのである（図63）。

ただ、これらの仮説にはまだ欠けている点があった。それが、いかにして真核生物の細胞核から、「翻訳」プロセスが排除されたのか、すなわちいかにして細胞核からタンパク質合成装置リボソームが排除されたのか、ということである。

セントラルドグマの効率化のために

細胞核で「翻訳」が行われないことで、私たち真核生物（真核細胞）がどのような恩恵を受けたかについては、一つの考え方がある。

私たち真核生物の遺伝子は、通常、DNA上では「イントロン」とよばれる配列によってばらばらの断片（エキソン）に分断されて存在している。したがって、「翻訳」に用いられるためには、mRNA(正確にはmRNA前駆体)がエキソンもイントロンも関係なく「転写」された後、イントロンが除去され、エキソン同士がつながる必要がある。その作業を「スプライシング」という(図64)。

じつはこの作業、いろいろな酵素がはたらくために結構「重たい」反応になっていて、「遅い」のである。

もしこれが、細胞核という仕切りがない状態で行われたとしたらどうであろう。DNAのすぐ横に、タンパク質合成装置であるリボソームがいるという状態を想定してもらうとよいが、もしリボソームが、「転写」している場所のすぐ横にあるとしたら、スプライシングが起こるよりもはやく、ささっとリボソームがmRNA前駆体と結合してしまい、早々に「翻訳」を始めてしまうかもしれない。そうなると、エキソンを分断しているイントロンにはタンパク質のアミノ酸配列の情報がないので、「翻訳」がそこでストップしてしまうだろう。

私たち真核生物の翻訳のスピードは、だいたい一秒で一アミノ酸をつなぐ程度である。原核生物の翻訳のスピードはもう少し速く、一秒に一〇アミノ酸以上をつなげることができる。しかし、スプライシングというのはこれら翻訳のスピードよりももっと遅いため、同じところでスプライシングと翻訳が共存していると、両者の整合性が取れないという事態に陥ってしまいかねない。

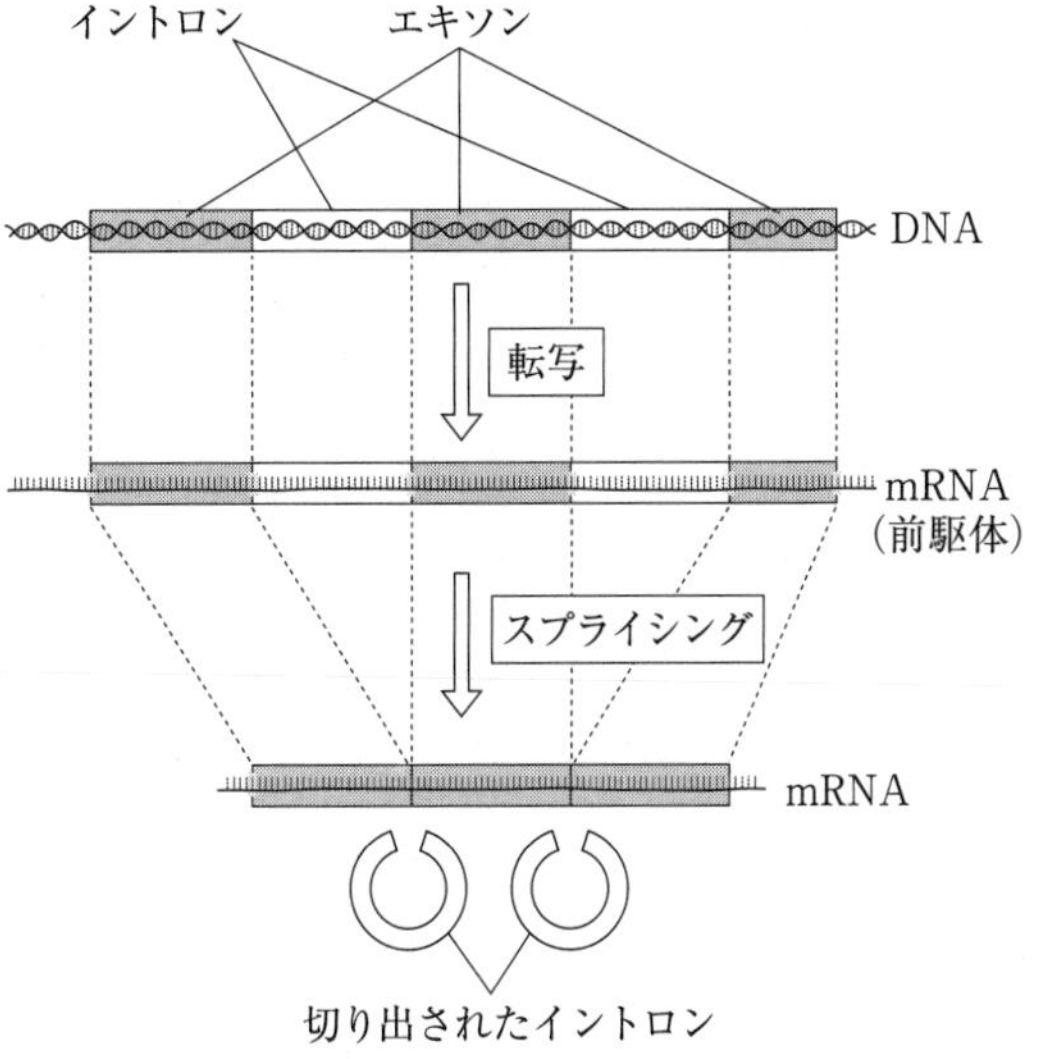

図64　スプライシング
DNAに存在する遺伝子は、イントロンによって複数のエキソンに分断されている。RNAポリメラーゼは、イントロンも含めたまま「転写」を行うため、転写されたRNAがmRNAとして成熟するためには、イントロンを切り出す「スプライシング」が必要なのだ

かくしてリボソームは排除された

イントロンとスプライシング反応は、真核生物の系統で進化してきたものではあるが、実際のところ、最初に真核生物にイントロンをもたらしたのは、共生したαプロテオバクテリア（後のミトコンドリア）ではないかと言われている。バクテリアには「グループⅡイントロン」とよばれる、自分で自分を切り出す活性のあるイントロンがある。これがまず最初に真核生物の祖先にもたらされ、それが現在の真核生物のイントロンへと進化したと考えられている。

そこで、共生されたい側のアーキアの視点で考えると、一つのメカニズムが見えてくる。

外からやってきた「厄介な」グループⅡイントロンと、「翻訳」の場とを分けるために「核膜」が作り出されたのではないか、という仮説が二〇〇六年、ドイツのウィリアム・マーティンと米国NIHのユージン・クーニンにより提唱された。この仮説では、「それが目的で」核膜が作られたが故に、最初から「翻訳」の場であるリボソームは、細胞核の外へと排除された、とみなすことができる（図65）。

ただし、進化に「～のために」という目的論はふさわしくない。正確には偶然リボソームを外側に配置することができたものだけが生き残ってきた、と説明すべきだろう。

じつはこの仮説は、巨大DNAウイルスによるウイルス工場を使って説明することも可能なの

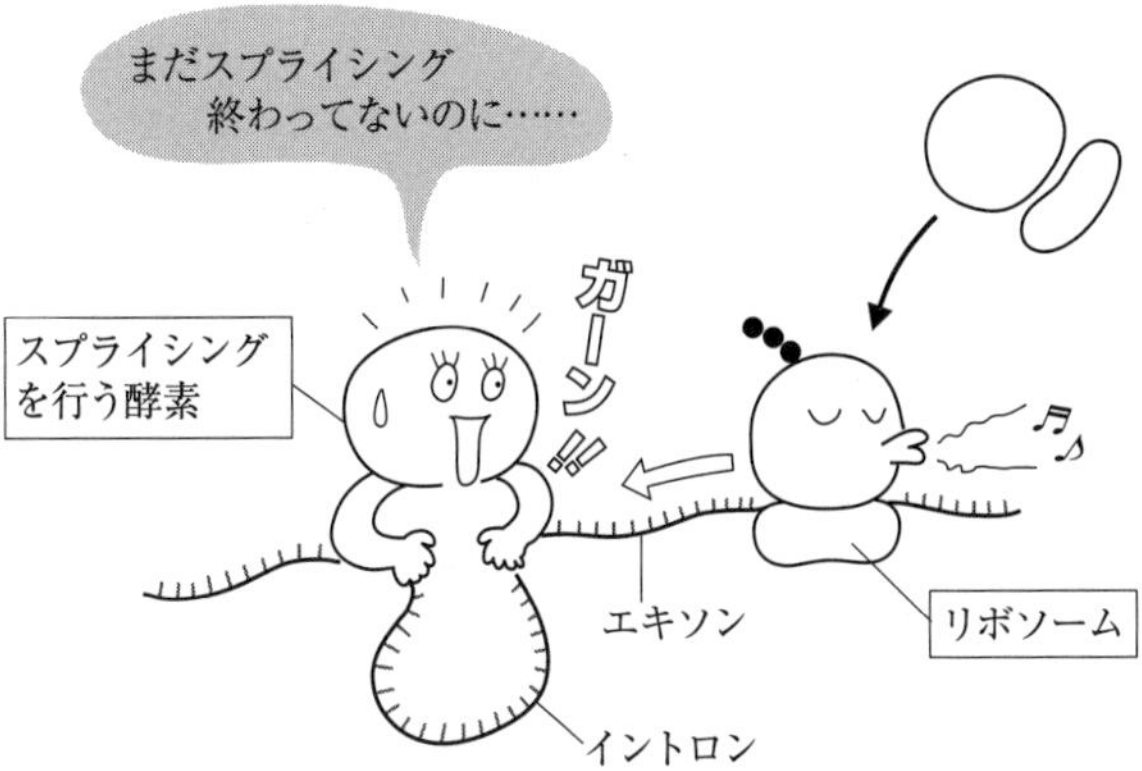

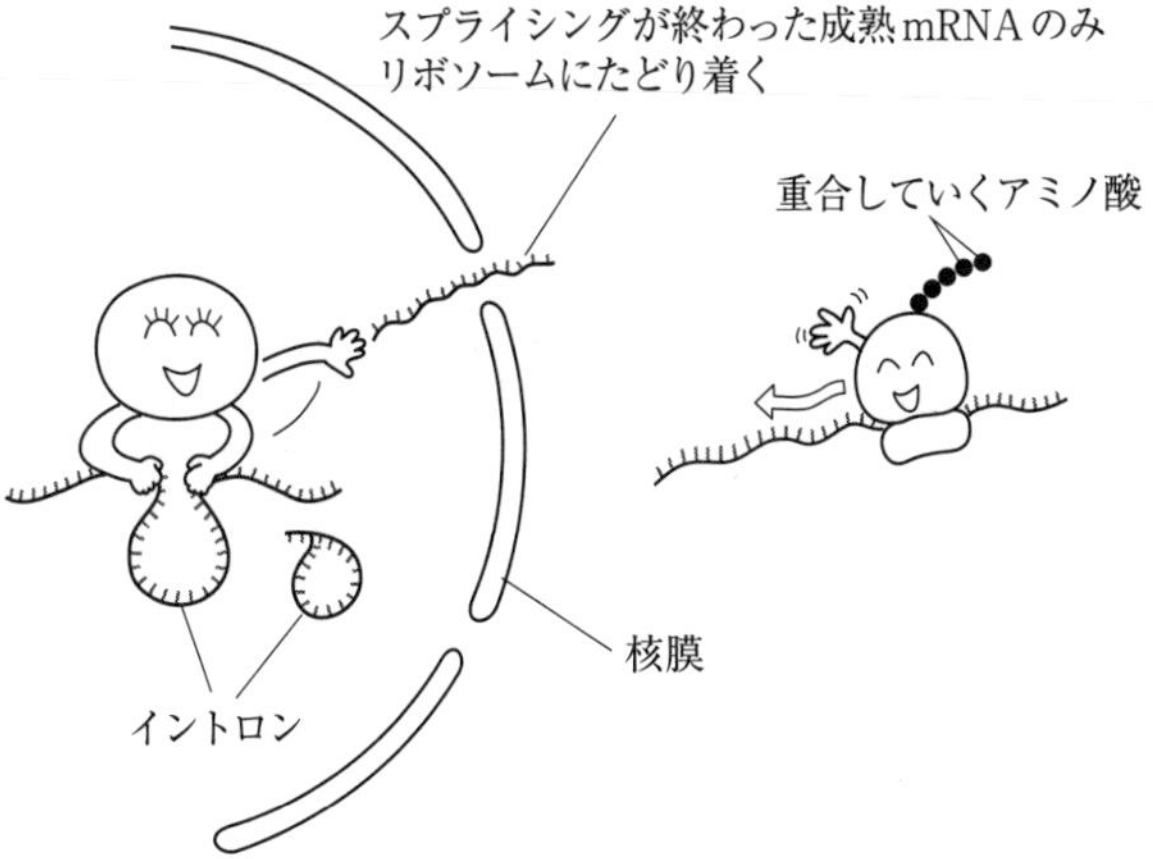

図65　スプライシングと「翻訳」の分離
(上) スプライシングの場と「翻訳」の場が近接していると、こういう事態が起こるかもしれない
(下) しかし、それらの間を膜で仕切ってしまえば、そうした事態を未然に防ぐことが可能ではないか

である。巨大ＤＮＡウイルスの祖先がアーキアに感染したとき、宿主のリボソームを排除する形でウイルス工場を作ることができたかもしれないからだ。

なぜなら、ポックスウイルスのウイルス工場が小胞体の膜を周囲に配置することを報告した研究者は（３－３節参照）、同じ論文の中で、そうして形成された核膜のような膜構造の外側（ウイルス工場側ではなく、細胞質側）に、ほとんどのリボソームが配置されることを見出しているからである。

この、リボソームを外側に配置するように「膜」を形成する巨大ＤＮＡウイルスの性質が、ちょうどスプライシングと「翻訳」の場を分けるという細胞のニーズと合って、細胞核が誕生した。そう考えることで、リボソームが細胞核の外側に配置され、結果として「翻訳」が細胞核から排除された理由を、より明確に説明できるのではないだろうか。

ただ、ウイルスがきっかけとなったにしても、じつはウイルスに対する防衛手段としてゲノムが核膜で覆われたのではないかとする考え方もあり、これもまた、リボソームが外側に配置されたことをうまく説明できる可能性もある。もっと詳細に検討していく必要性は、未だ多く残されているといえる。

4-2 巨大DNAウイルスと生物の進化

DNAレプリコンとバクテリア・アーキアの誕生

それでは、真核生物の劇的な進化に大きく関わってきたであろう巨大DNAウイルスは、より広い時間的視点で、その誕生から現在に至るまで、はたしてどのようにして私たち細胞性生物の進化と関わり、どのように自分自身も進化してきたのだろうか？　以下では、二〇〇六年にアイエルらにより提唱された仮説をベースに、その進化のあらましを一つのストーリーとして紹介する。

巨大DNAウイルスのゲノム解析から明らかになったことは、そのDNA複製システムが、バクテリアとも、アーキアとも、真核生物とも異なる系統に属するかもしれない、ということだった。

最初の細胞性生物が誕生する前から、地球上にはいくつかのタイプのDNAレプリコンが存在していた。そのうち、一部のDNAレプリコンでは脂質二重膜が進化し、DNAの周囲を覆うようになり、その外周がカプシドタンパク質で守られるようになった。そしてまた別のDNAレプ

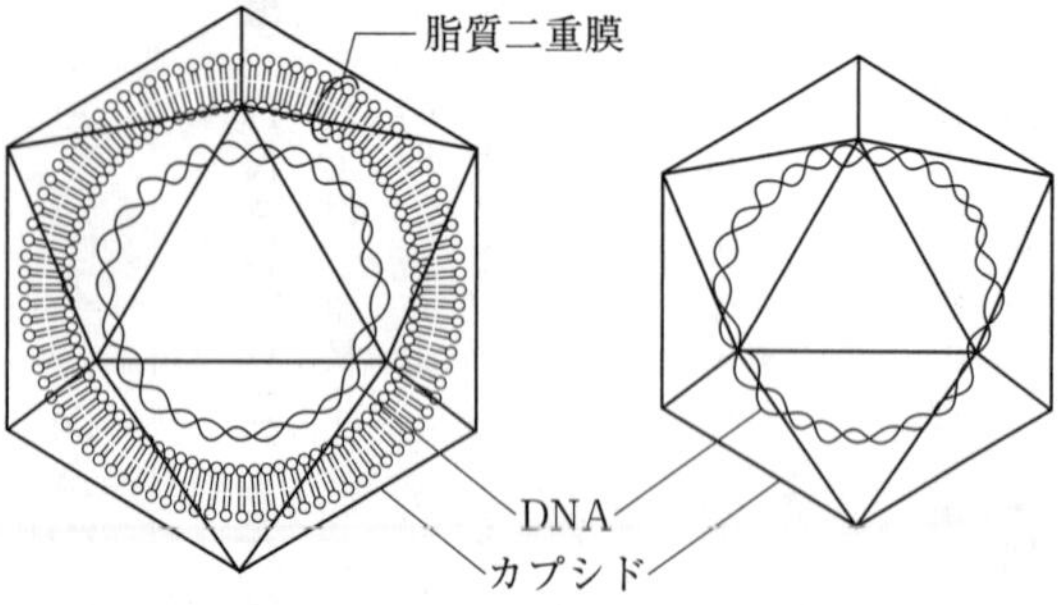

図66　2つのDNAレプリコン

リコンでは、DNAの外側を直接カプシドタンパク質が覆うようになった。

　こうして、おそらくそれが全てではないにせよ、カプシド内部に脂質二重膜を備えたDNAレプリコンと、カプシドのみに覆われたDNAレプリコンという、大きく異なる二つのDNAレプリコンが誕生した（図66）。

　これらのDNAレプリコンは、自身がタンパク質をコードしつつ、現在のリボソームに依存しない方法で——たとえば鉱物イオンやRNA酵素（リボザイム）などとの相互作用を主体とした自己触媒的な方法で——RNAを「転写」し、タンパク質を作り出すという方法で、代謝をし、自己複製を行っていた。

　やがて、「転写」したRNAを仲介役としてタンパク質を作る「翻訳」のメカニズムが、いずれかの場所で進化した。そして、「複製」用、「転写」用の遺伝子を含む四一個のコアタンパク質を保有していたDNAレプリコン（巨大DNAウイルスの原型）が、複雑な過程を経て（としか現時点では言いようがない）、「翻訳」用の一連の遺伝子を獲得し、バクテリアならびにアーキアと私たちが現在言う、最初の細胞性生物へと進化した。

バクテリア・アーキアと巨大DNAウイルスの共進化

ストーリーはまだ続く。巨大DNAウイルスの原型は、やがてカプシドタンパク質の喪失と、細胞壁の獲得を達成し、バクテリアやアーキアへと進化した。さらに、コアであるDNAポリメラーゼやRNAポリメラーゼなどの情報系遺伝子は高度に多様化していった。

一方、バクテリアやアーキアに進化しなかった巨大DNAウイルスの原型は、いままさに「巨大DNAウイルス」としてその名をとどめる進化をするに至った。ただしその進化の過程では、祖先を同じくするバクテリアやアーキアへの感染という選択がもっとも功を奏した。

いったん細胞性生物が進化すると、その細胞内環境というのは、「巨大DNAウイルスの原型」たち、あるいは「巨大DNAウイルス」たちにとって、生育に極めて好適な環境であった。地球の環境が徐々に細胞性生物たちの楽園になっていくと、細胞に依存しないで代謝、自己複製を行っていたDNAレプリコンたちは姿を消し、細胞性生物に感染するという選択をしたDNAレプリコンたち――すなわち巨大DNAウイルス――のみが生き残った（図67）。

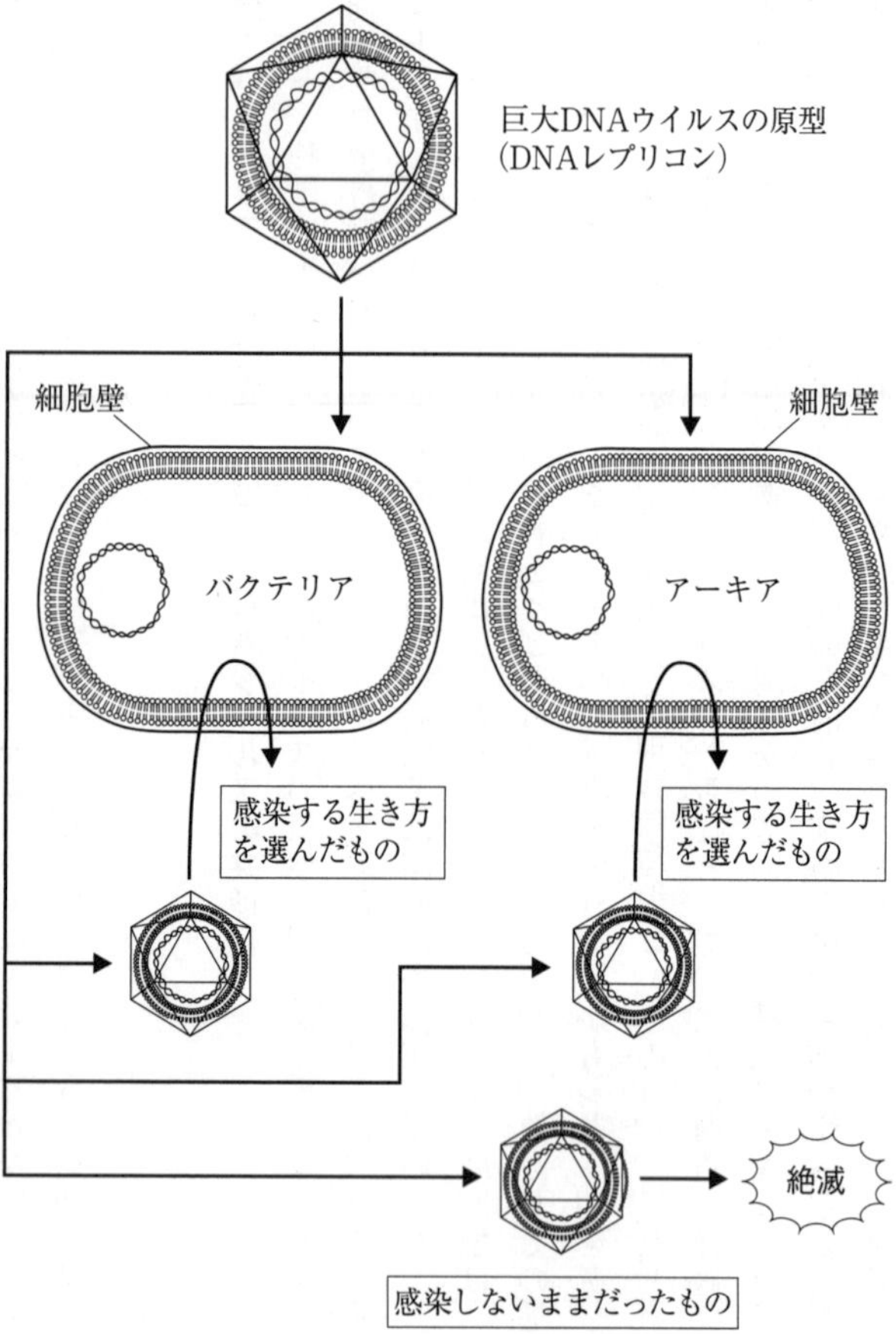

図67　細胞性生物に感染する生き方を選んだDNAレプリコンのみが生き残った
大きなものに寄り添って生きる方が楽なのは、今も昔も変わらないのだろう

こうして、バクテリアとアーキアという二つの大きな生物グループ（ドメイン）は、何億年もの期間を経て自己複製を繰り返し、巨大ＤＮＡウイルスによる感染と、生物・巨大ＤＮＡウイルス間での遺伝子の水平伝播を繰り返しながら進化し、多様な細胞性生物の世界を作り上げてきた。

一方、脂質二重膜をもたなかったＤＮＡレプリコンは、やがて同時期に生息していたバクテリアやアーキアへの感染生活を行うバクテリオファージなどへと進化した。

真核生物における細胞小器官の進化

バクテリアは、ある時期までエネルギーの獲得に硫化水素を用いていた。その後、バクテリアのうち、地球上に豊富に存在する水を用いるようになったものが現れ、さらに太陽の光を受けて光合成を行うシアノバクテリアが進化すると、地球の環境が大きく変わった。酸素が増え、好気性バクテリアも誕生した。一方、もともとは嫌気性だったアーキアのうち、好気性バクテリアと共生するという選択をしたものが現れ、さらにシアノバクテリアとも共生関係を構築するものも現れた。こうして、アーキアの世界が一段と広がった。

そうした共生関係の進化の過程で、前に述べたような、まだ確定できない何らかの要因によって――巨大ＤＮＡウイルスの感染が原因となった可能性も含めて――、宿主となったアーキアの

DNAが、細胞内膜系から変化した膜で包まれるようになり、細胞核が誕生した。

そして、バクテリアやアーキアに感染していた巨大DNAウイルスの一部は、引き続いて新たに誕生した「細胞核付きアーキア」（真核生物）に感染する巨大DNAウイルスとなっていった。

巨大DNAウイルスのさらなる進化とエンベロープウイルスの進化

ストーリーはまだまだ続く。細胞核ができた私たち真核生物（の祖先）は、時期はよくわからないが、いつしかその細胞壁を失った。そしてこの細胞に感染するウイルスは、やがて細胞膜を破壊して外へ飛び出すのではなく、細胞膜の一部を引きずって飛び出すようになった。こうして、宿主の細胞膜に由来する脂質二重膜で覆われたエンベロープウイルスが進化した。

真核生物は、原核生物が進化したものであるため、巨大DNAウイルスだけでなく、バクテリアや真核生物以前のアーキアに感染していた、バクテリオファージなどの他のDNAウイルスやRNAウイルスから進化した多くのウイルスが感染するようになった。

しかしながら、細胞核ができたことにより、ウイルスの側にもいくつかの戦略上の変化が生じた。すなわち「複製」や「転写」を宿主細胞に依存するものは、その細胞核の内部にまで入り込んでいく必要が出たということ。そうしたウイルスは、あるときには細胞核を破壊し、さらに宿主細胞まで破壊して飛び出していくという戦略をとらざるを得なくなった。

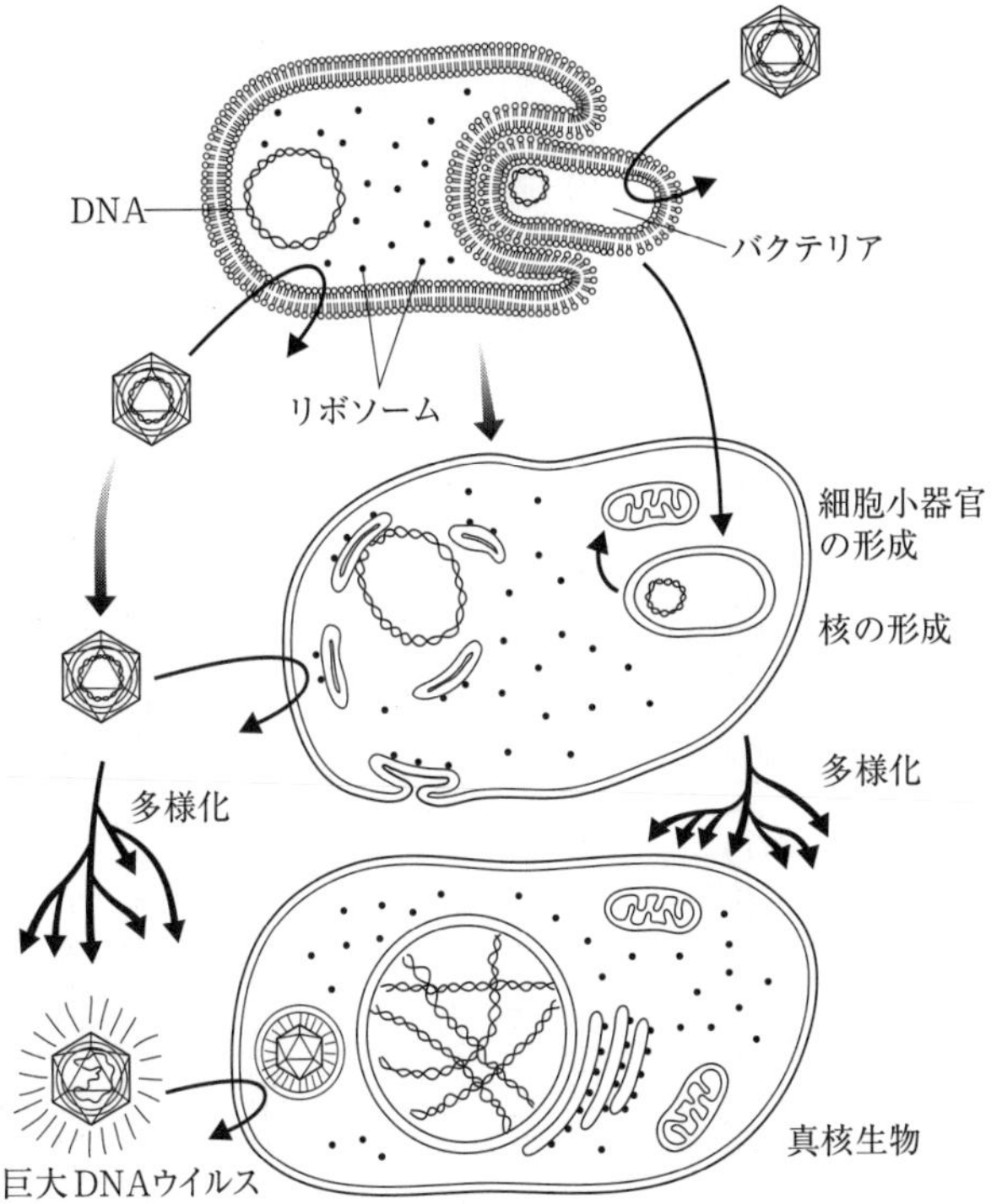

図68　真核生物と巨大DNAウイルスの進化
感染相手の細胞性生物が進化するとともに、巨大DNAウイルスも進化してきたにちがいない。なぜなら、細胞性生物も巨大DNAウイルスも、お互いに影響を及ぼしあってきたからだ。細胞核の形成に巨大DNAウイルスが関わったかどうかはまだわからないが、そう考えてもおかしくはない状況に、巨大DNAウイルスが置かれていることは想像にかたくない。今後、研究がどう展開していくのか、目が離せない

一方において、「複製」や「転写」を自前で行える巨大DNAウイルスは、細胞質の中で増殖することが可能だったが、多くの巨大DNAウイルスは、「せっかくそこに細胞核があるんだから」ということで（このあたりの意義は筆者にもまだよくわからないが）、細胞核の中にまで入り込むようになった。

そうして、真核生物とこれらウイルスとの間に多くの遺伝子の水平伝播が起こったり、その他の突然変異が起こったりして、ウイルスゲノムも多様化していくと同時に、真核生物もその特性上、劇的に多様化することとなった（図68）。

そして巨大DNAウイルスは、その原型だった頃に保有していた四一個のコア遺伝子に加えて、宿主細胞からさまざまな遺伝子を獲得したり、また失ったりしながら、全体としては遺伝子数を徐々に増やす方向に、多様な進化を遂げてきたのである。

4-3 アンフォラ（壺）型ウイルスの進化・私案

パンドラウイルスとピトウイルスの謎

さて、数多く存在する巨大DNAウイルスのうち、いちばん最近に発見された奇妙なウイルス、パンドラウイルスとピトウイルスが、どのように進化してきたのかに関する好奇心を満たしたいと思うのは、筆者の正直なところであるし、読者諸賢の多くも同じであろう。しかしいかんせん、材料がまだまだ不足している。

ここでは、より大胆に、筆者自身がこれらウイルスの進化についてどのように考えているのか、ざっくばらんに述べてみる。したがって、往々にしてそれはオーバーディスカッション（考えすぎ、やり過ぎの議論のこと）となるであろうことをあらかじめご了承いただいたうえで、しばしの間、卑見にお付き合いいただきたい。

まず、パンドラウイルスとピトウイルスのゲノム解析の結果から明らかになったことを思い出そう。

パンドラウイルスの二五〇〇あまりの遺伝子のうち、他の生物もしくはウイルスと相同性のあるものはわずかに四〇〇個程度であり、ピトウイルスの場合も四六七個の遺伝子のうち、他の生物もしくはウイルスと相同性のあるものはわずかに一五〇個程度であった。ここで興味深いのは、その遺伝子のうち、ピトウイルスにはアーキアに類似性の高い遺伝子が一つだけしかなく、パンドラウイルスに至ってはゼロであった、ということである（1‐4節、1‐5節参照）。

このことから、これら「アンフォラ（壺）」型ウイルスが、アーキアから真核生物が進化した後になって進化したものである、ということは容易に推測できる。もっともこれは、ミミウイルスなど、真核生物に感染する他の巨大ＤＮＡウイルスにもいえることだ。
さてここからが、筆者の勝手な私案である。

独自の進化とカプシドの不活性化

まずはパンドラウイルスとピトウイルスの関係である（図69）。パンドラウイルスがそのウイルス粒子の大きさに見合うだけのゲノムサイズ、遺伝子数をもっていて、ピトウイルスが「無駄にでかい」のであれば（1－5節参照）、ストレートに考えれば、パンドラウイルスの方が進化的に安定な状態にあるような気がする。しかし、必ずしも「細胞」の大きさとゲノムサイズは比例しているわけではない。したがってここでもまた二通りの考え方ができる。

一つは、現在のピトウイルスが、もともとはパンドラウイルスと同じくらいあったゲノムサイズと遺伝子数を徐々に失っていき、パンドラウイルスよりも宿主細胞への依存度を上げている途中段階のものである、という考え方。

いま一つは、パンドラウイルスもピトウイルスも、それぞれその祖先ウイルスから独自の進化を遂げてきたものである、という考え方である。

現段階ではどちらが正しいか、あるいはこれ以外の考えが正しいかは全くわからないが、とりあえず前者のように考えるとして、これらウイルスに共通してみられる奇妙な外観に注目してみよう。

真核生物が誕生した後も、それまでのアーキアやバクテリアに感染していたウイルスが、真核生物への感染と増殖を繰り返していた、というのはおそらく確かなことだろう。

その中で、巨大ＤＮＡウイルスのうちフィコドナウイルス科（２－１節参照）に属する一つの系統において、カプシド遺伝子が不活性化するという劇的な変化が起こり、そのかわりに脂質二重膜の外側で、カプシドほど二〇面体のきっちりとした幾何学的構造をとらない別のカプシドタンパク質が、粒子全体を覆うようになった、と考えることができる。

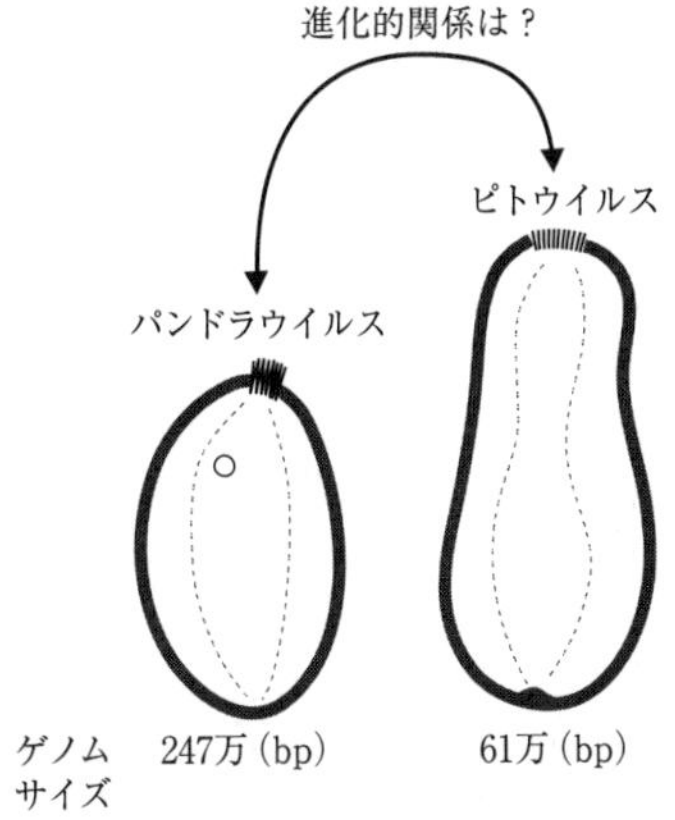

図69　パンドラウイルスとピトウイルスの関係は？

外見はよく似ているが、ゲノムサイズや遺伝子数はそうではない。その理由は？

アミノアシルｔＲＮＡ合成酵素はどうした？

二〇面体を作るようなカプシド遺伝子が不活性化したことで、宿主細胞内での粒子形成にも徐々に変化が生じた。

巨大ＤＮＡウイルスは進化の過程で宿主細胞から多くの遺伝子を獲得してきた

が、カプシドによる粒子形成は、もしかしたら粒子サイズの制限をもたらすかもしれない。きっちりとした正二〇面体の構造を維持したままサイズを大きくすることは、そうでない場合に比べて難しいのではなかろうか。

したがって、その制約を離れたパンドラウイルスの祖先は、長い年月の間、宿主への感染と増殖を繰り返すうちに徐々にゲノムサイズが大きくなり、ウイルス工場内でゲノムを包む脂質二重膜の直径も徐々に大きくなっていったのではないか。

そして、パンドラウイルスの祖先粒子の長径は、いまのちょうどピトウイルスと同じ程度、すなわち一・五マイクロメートル程度にまで大きくなった（図70）。

彼らもかつては、tRNA遺伝子や、「翻訳」用のアミノアシルtRNA合成酵素遺伝子をもっていたに違いないが、やがてそれらを何らかの理由で失った。ただパンドラウイルスのそれがアカントアメーバの遺伝子に近いことから、少なくともパンドラウイルスに関しては、宿主から新たにアミノアシルtRNA合成酵素遺伝子を獲得した可能性は高い。

やがて、長径がやや短く一マイクロメートル程度になるよう進化したものがパンドラウイルスとなり（図70左）、サイズは変わらないままゲノムサイズが小さくなるよう進化したものがピトウイルスとなったのではないだろうか（図70右）。

192

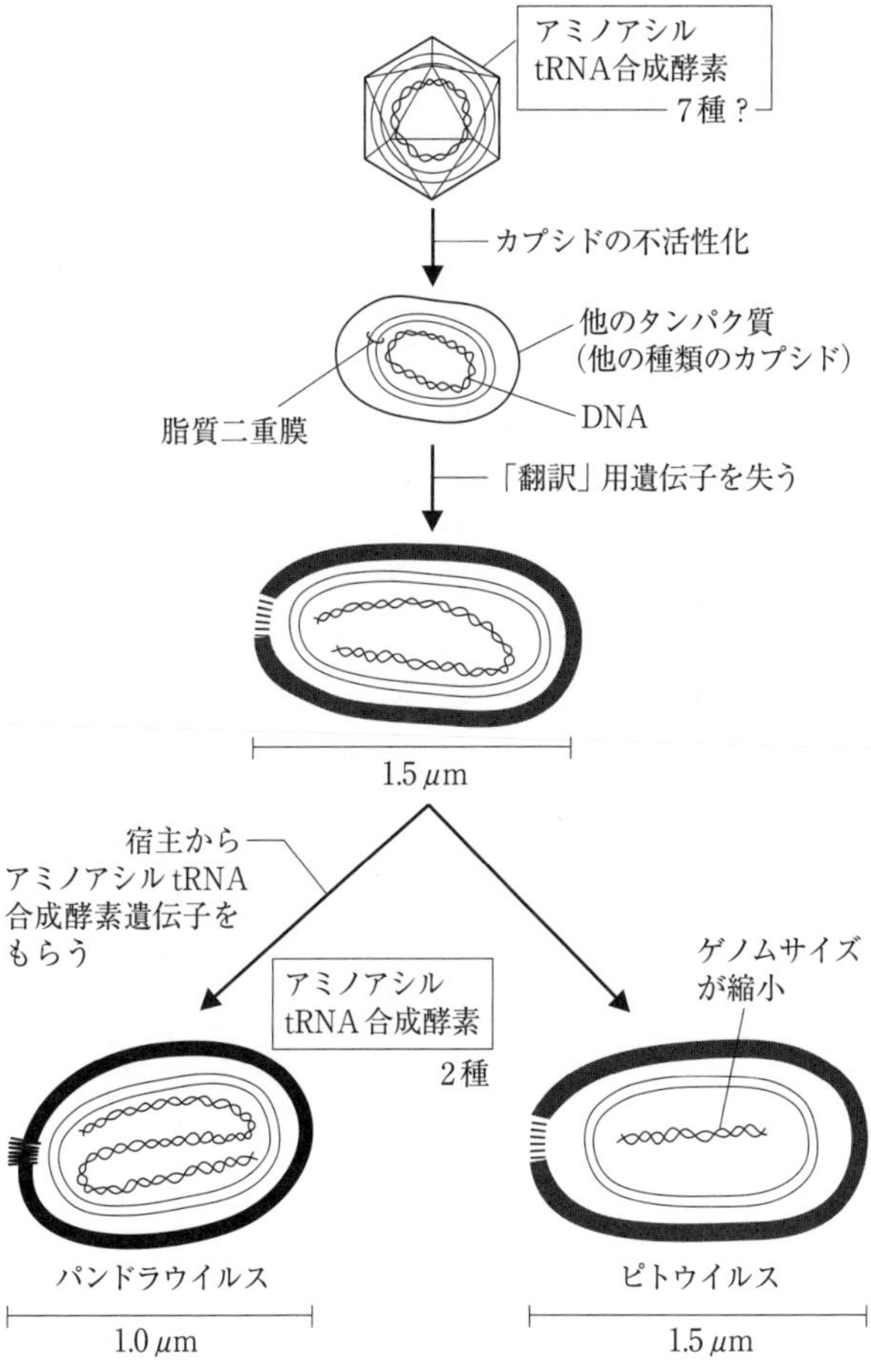

図70　巨大DNAウイルスの粒子はどう大型化したか？
パンドラウイルスもピトウイルスもまだ１〜２種が見つかっているにすぎない。まだまだ「推測」の域を出ないシナリオだ

パンドラウイルスの行く末

はたしてパンドラウイルスは、今後どんどん宿主の遺伝子を獲得し、やがては独立した「生物」として認められる日がくるのだろうか？　それとも、アミノアシルｔＲＮＡ合成酵素のように、逆にどんどん遺伝子を失っていくのだろうか？

さきほども述べたように、まだパンドラウイルスが二種、ピトウイルスが一種しか見つかっていない以上、まだ「オーバーディスカッション」の域は出ない。他にも同様の巨大ウイルスが多く発見され、解析が進まなければ何ともいえない、というのがもどかしいところである。

じつは、ピトウイルス発見を報告した論文の著者らは、およそ一〇年ほど前に発見された、とある「寄生生物」が、じつはピトウイルスであった可能性についても論じている。それによると、ＫＣ５／２と名付けられたこの細胞内寄生体は、まさに「アンフォラ（壺）」的な外見で、いまなら誰が見てもピトウイルス的であるように思われる（図71）。ピトウイルス様の外被と、突き出た口のような部分をもち、感染した細胞内でウイルス工場のようなものを作るという。

当時の論文の著者らはこれを新しい「細胞」であるとみなしていたが、もし改めて二〇一四年に「ピトウイルス」に関する論文が出なければ、ＫＣ５／２は永久に不思議な寄生性生物の一種のままだったろう。そして運よく、ピトウイルスが発見された。このＫＣ５／２がもし、二〇一

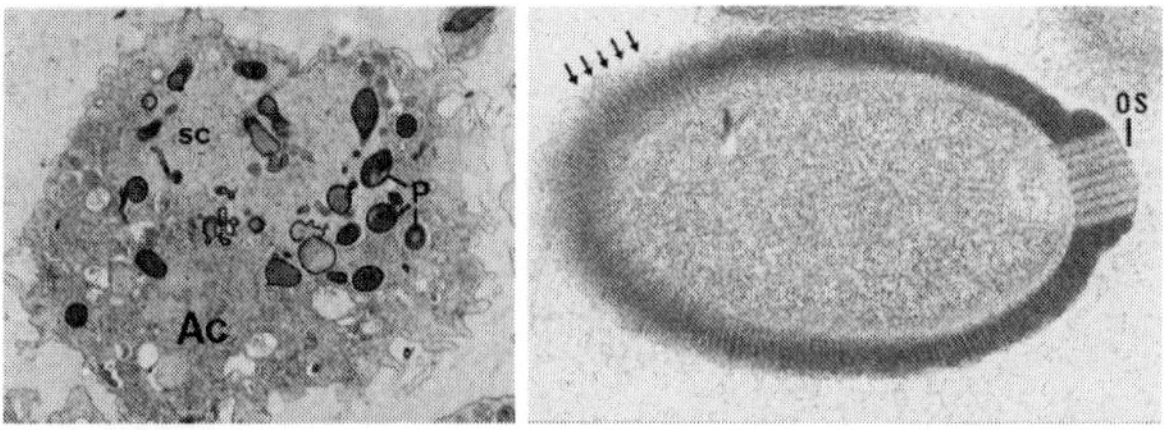

図71　KC5/2
ピトウイルス様の外被と突き出た口のような部分をもつ
（左）ピトウイルス様の「寄生生物」（Pと表記）が細胞内に多数見られるアカントアメーバ（Acと表記）。「sc」は細胞質を意味する
（右）拡大したピトウイルス様の「寄生生物」。小さな穴（osと表記）のようなものがある突起と、その〝細胞壁〟には無数の垂直方向の繊維（矢印）が見える。図22と比較するとわかるように、明らかにピトウイルスもしくはその仲間に見える
［出典：Michel R et al. (2003) *Parasitol. Res.* 91，265-266.］

四年に発見されたのとは違う種のピトウイルスだったのであれば、ピトウイルスはこれまでに少なくとも二種が見つかっていることになる。

同様に、実際には発見されていたが、ウイルスとは誰も思わず、「よくわからない生物」として放置されていたものは、もしかしたらこれまでにも多数あったかもしれない。

また、まだ見つかっていないパンドラウイルス様のウイルスが他にも発見され、それがパンドラウイルスよりももっと私たち「生物」に近いことがわかるかもしれない。

今後の研究に、ぜひとも期待したいところである。

4-4 巨大DNAウイルスが語りかけるもの

巨大DNAウイルスは生物か？～これまでのまとめ～

ミミウイルス、メガウイルス、マルセイユウイルス、パンドラウイルス、ピトウイルス、そして古典的ウイルスであるポックスウイルス、クロレラウイルス。

これらさまざまな「巨大DNAウイルス」の発見が、微生物学者にもたらした衝撃は大きい。その衝撃はおそらく、やがて進化学者にも浸透していくに違いない。

本書で述べてきたことを総括すると、まず、これまで「生物」とよばれてきた「細胞性生物」と、ウイルスとの境界線が、段違いに不鮮明になってきたということである。

そもそもウイルスとは――と生物学者たちはしばしば言う――、DNAもしくはRNAの複製と、そうして複製されたゲノムを包み込むためのカプシドもしくはエンベロープを作り出すのに必要な、ほんのわずかな遺伝子をもつ、いわば「身軽」で、さらにいえば「究極的な寄生者」であると考えられてきたわけである。

ところが、私たち「細胞性生物」と巨大DNAウイルスのゲノムサイズの分布を見てみると、ミミウイルス、メガウイルスのそれは、寄生性の「細胞性生物」、すなわち寄生性のバクテリアやアーキアよりも大きい。さらにパンドラウイルスに至っては、寄生性の真核生物（微胞子虫など）のそれよりも大きい。

遺伝子の数も同様だ。メガウイルスとパンドラウイルスは、一〇〇〇種類以上の遺伝子をもっており、これは最小の「細胞性生物」のそれよりも多いのだ。

巨大ＤＮＡウイルスたちのゲノムサイズや遺伝子の数が、最小の生物たちのそれとほぼ同じか、むしろそれを上回っているということは、こうした〝ウイルス〟たちの増殖戦略が、生物たちのそれに比べて、必ずしも単純ではないということを物語っている。

さらに、「生命のセントラルドグマ」とよばれる、全ての生物が保有している遺伝情報の複製と発現のメカニズムのうち、「複製」と「転写」については、それまでのウイルスも自らの遺伝子で賄う潜在的能力をもっていたわけだが、巨大ＤＮＡウイルスの中には、さらに「翻訳」まで、自らの遺伝子で賄うことができるかもしれない
ものもいる。

なにしろ、ミミウイルスやメガウイルスは、それまでのウイルスにも時折見られた「ｔＲＮＡ遺伝子」だけではなく、そのｔＲＮＡにアミノ酸をくっつける役割をもつ「アミノアシルｔＲＮＡ合成酵素」の遺伝子や、「翻訳」反応の開始、延長、終結に関わるタンパク質の遺伝子ももっていることがわかったからだ。

もちろん、だからといって彼らがほんとうに、「複製」・「転写」・「翻訳」からなる「セントラルドグマ」の過程を全て自分の力でできるというわけではない。なぜなら、「翻訳」にもっとも重要な「リボソーム」と、そのリボソームを構成する「ｒＲＮＡ遺伝子」をもっているウイルスは、まだ発見されていないからである。

ウイルスはリボソームを獲得できるか？

しかし、もし彼らがリボソームを獲得すれば、ほんとうに自立して、自己複製とタンパク質合成（そしてその延長としての代謝）を行う能力を獲得するかもしれない。

第2章の論争でも紹介したが、面白いことに、宿主由来のリボソームを粒子内に保有しているウイルスは、じつは見つかっている。ただ、それは巨大ＤＮＡウイルスではなく、かつその保有も一時的なものであり、宿主から飛び出すときに単に引き連れてきただけであろうから、真の意味で「リボソームをもっている」とはいえないだろう。

だがもし——あくまでも「もしも」であるが——、そのリボソームの構成成分であるｒＲＮＡを自らのものとし、あるいはそこからＤＮＡを逆転写して、「ｒＲＮＡ遺伝子」として保有したとしたら？　これは、遺伝子の水平伝播の可能性を考えれば、将来的にはあるかもしれないし、まだ見つかっていないけれどもそうしたウイルスがどこか海中深く、ジャングルの奥深くにいる

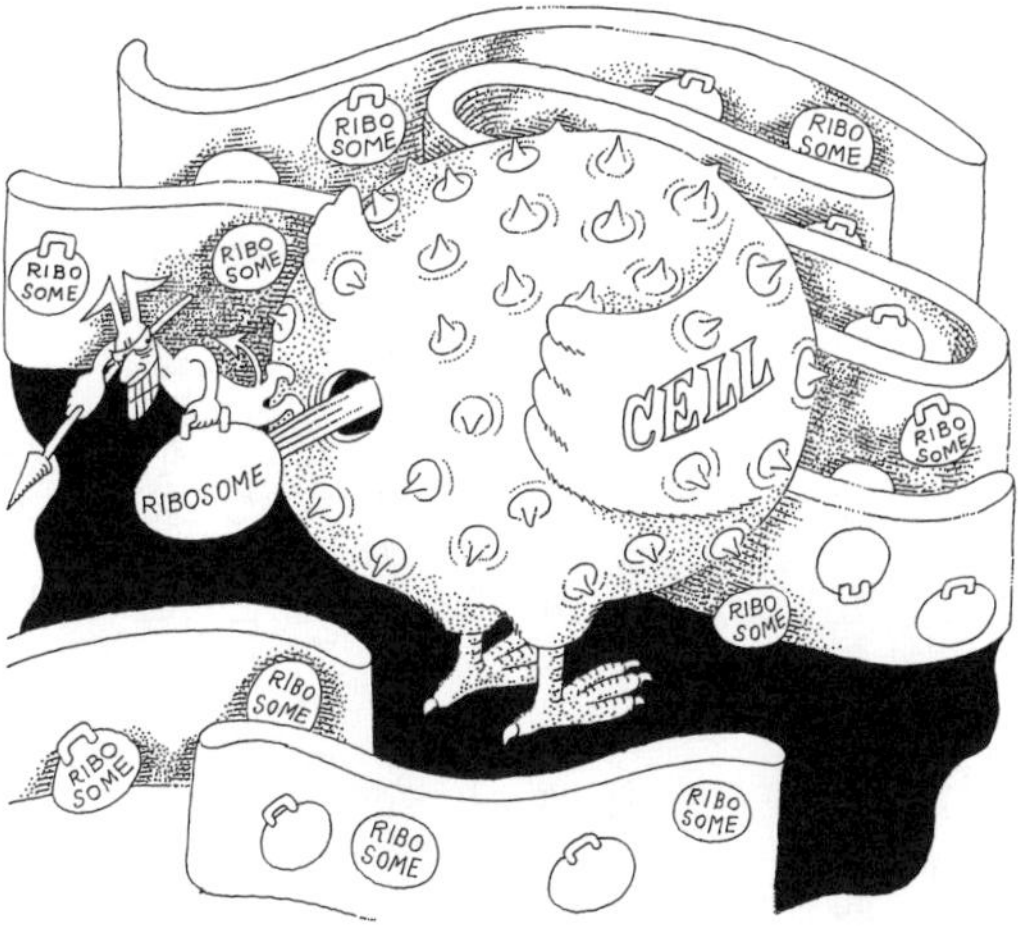

図72　リボソームの獲得は可能か？

かもしれない。

多くのウイルスの進化がたとえ「さまざまなものをそぎ落とす」ものであったとしても、それは必ずしも、そうでない進化の可能性を否定するものではない。

もしパンドラウイルスやメガウイルスが、宿主細胞から飛び出すときに、「複製」・「転写」・「翻訳」に必要な材料を全てもち出し、リボソームまでもち出したとしたら、自らの力だけでこれらの過程を行うことができるようになるかもしれない（図72）。

細胞性生物がこれほどまでに繁栄しているいまとなっては、かつて巨大ＤＮＡウイルスの原型が進化してバクテリアやアーキアになったと考えられるその過程を再現するような進化が、再び現在の巨大ＤＮＡウイルスを原型として起こるとは思えないけれども、パンドラウイルスやメガウイルスをもってすればそれすら可能ではないかとさえ思えるほど、巨大DNAウイルスに与えられた衝撃は、じつに大きいのである。

見えない「線」を求めて

私たち人間が、いったいどれほどのことを知っているというのだろう。知識というものをもち始めてから、私たち人間はたかだか数千年の時しか経験していない。それに比べて、生物の歴史は気が遠くなるほど長く、深遠だ。

さらに、生物学の始まりをアリストテレスとするならば、私たち人間は、その生物を学問の対象として見始めてから、たかだか二四〇〇年しか経っていないのである。

その短い時間に私たちが見聞きした事物があり、それを「科学的」という言葉で表現される手法で調べたその総体として、いまの生物学があったとしても、だ。

教科書に掲載されているという事実があるからといって、あるいはほとんど全ての「科学者」と称する人たちが——彼らももちろん人間だ——、一様に「うむ、そうである！」と断じる事柄だからといって、私たちが「定説」であるとみなしている全ての事柄が覆されないという保証は、どこにもない。

たとえば、一九世紀に確立された「細胞説」は、現在の細胞生物学の基盤となったように、生物学のもっとも基本的な学説だが、それとても完全なものではない。「細胞」が生物の基本単位であるとする現代生物学の根本を覆すかもしれない巨大ＤＮＡウイルスは、こうした「巨大な」学説に対してさえ、立ち向かおうとしている存在なのではないだろうか。

「生きている」とはどういうことか。その完璧な答えを、私たち生物学者はまだ用意することができていない。「生命」という言葉の意味も同様である。そこにさまざまな意味を求める人たちがいる以上、「生きている」とはどういうことかについて、統一的な答えを与えることは不可能かもしれない。

しかし、その意味を追い求めることそのものには価値がある。追い求めることによって初めて、「生物とは何か」を考究する営みが成立するからだ。そのための、現在考え得る最適な材料こそ、巨大ＤＮＡウイルスなのではないかと思うのである。

見つかっている巨大ＤＮＡウイルスのサンプル数は、現段階では非常に少ない。科学的事実として多くの科学者に認知されるまでには、まだまだ相当な時間がかかるだろう。

しかし、ミミウイルスという巨大なウイルスが、アカントアメーバの中に存在していることは、ほぼ確かなことである。

パンドラウイルスという、当初は「新しい生命の形」とまで研究者に言わしめた不思議なウイルスが存在することもまた、ほぼ確かなことである。そして、私たち真核生物が、長い生物の歴史の中で忽然として誕生した、というのもまた、ほぼ確かなことである。こうした確かなことを結びつける線が、私たちにはまだ発見できていないだけなのだ。

英国の社会人類学者ティム・インゴルドは、その著書『ラインズ〜線の文化史〜』（工藤晋訳、左右社）の中で、世の中に満ち溢れている「ライン（線）」を細やかな視点であぶり出した。事物と事物をつないだ先にある世の中のしくみを「ライン」で紐解き、かつ紡いでいくことによって、そのありようが理解できる、と。

生物学においても、この試みはおそらく有効であろう。

生物と巨大ウイルスたちの〝ミッシング・ライン〟（失われた線）をいかにして紡いでいくかが、私たち生物学者に課せられた課題でもあるように、いまの筆者には思えるのである。

おわりに

本書では、巨大ＤＮＡウイルスを語るにあたり、「生物である」ことと「生きている」ことを区別しようとしてきた。筆者がここで「生きている」という言葉を使った対象は、「広い意味での生命」と捉えていただいてもいい。

しかし、「生物」と「生命」という言葉の使い方もそうだが、区別しても結局のところ、よくわからないのである。

わかったようで、わからない。生物学には、そうした言葉が常について回るのだ。とくに、遠い昔に過ぎ去った進化の足跡をたどる旅は、答えのない迷宮に迷い込んだ人間よりも簡単に、その歩みをハテと止められてしまいがちである。

筆者は、ほんとうにヒョンなことから、細胞核の起源に関する迷宮に迷い込んでしまった。しまったと思ったそのとき、その迷宮にはすでに、何人もの著名な科学者が迷い込んでいることを知った。

お化け屋敷に一人で入るのと、大勢で入るのとでは、気持ちが異なる。何よりも大勢で入った方が安心だし、お化けが出ても恐怖が分散されるのでそれほど怖くはない。同じ理由でもって、答えのない迷宮にも、それほどの恐怖はなかったのであった。

むしろ、生物学者ほど迷宮好きな人間はいないかもしれない。

しかし、それではどのような迷宮が、生物学の世界に存在しているのかとなると、世間的にはあまりよく知られていない。ときどき、降ってわいたような話題がメディアを賑わすことがあっても、生物学の本質をついて、そこに面白さを見出そうという動きはそうはない。

だから本書を書いたという思いが、今の筆者にはあるのだが、実質的に本書の成立のきっかけとなったのは、筆者の前著『新しいウイルス入門』（講談社ブルーバックス）であった。

二〇一三年初頭に上梓したこの『新しいウイルス入門』をお読みいただいた読者諸賢から、数多くの感想やコメントをお寄せいただいた。その中で多かったのは、後半に書いた「進化」と関係する部分が面白かった、というものだった。

『新しいウイルス入門』は、第一章〜第三章が、本のタイトル通りの「ウイルス入門編」の内容で、ボリュームで言うと全体の三分の二を占めており、第四章〜第七章がウイルスと生物の進化の内容であった。そこで巨大ウイルスについてもある程度ご紹介したのだが、パンドラウイルスが発見される前ということもあって、それほど紙幅を大きく割いて紹介したわけではなかった。

ところが、この部分のことをもっと知りたかった、という読者の声が数多く寄せられたのである。

そうこうしているうちに、二〇一三年七月にパンドラウイルス発見の論文が発表された。この「新しい巨大ウイルス」は、それまでの巨大ウイルスとはまた違う、とても興味深い特徴をもっていた。そして二〇一四年のピトウイルスの発見だ。

こりゃあ書く以外にはないだろう。

そうして出来上がったのが本書である。


本書の内容は、随所で述べているように、明らかに仮説の域を出ていないものが多く含まれる。科学的事実というのはじつはその全てが仮説にすぎないとも言われるが、本書の内容は、その中でもさらにその「仮説度」（というものがあればの話だけど）が高いもので、筆者やベルが提唱している「細胞核の起源に関するウイルス形成説」などは、細胞核の起源に関する学説のうち、まだまだマイナーなものにすぎない。

さらに、本書の内容を構成するメインの仮説である「4ドメイン仮説」もまた、市民権を得ている仮説ではなく、ウイルスの一つとして位置づけられている巨大DNAウイルス（NCLDV）を「生物（生命）の樹」（Tree of Life）に組み込むという新奇性ゆえに非常に挑戦的であるため、生物学コミュニティーの中では、むしろ賛同者の方が少ない。そして何より、パンドラウイルスやピトウイルスもまだ、発見例が一、二例程度しかない。

改めて強調しておくが、現代の生物学では「ウイルスは生物とはみなされていない」のである。その中で、少なくともウイルスの仲間とされている巨大DNAウイルスを、生物の一つに組み込もうとするわけだから、当然その立場は推して量れよう。

ただ、たとえば福岡伸一氏が『生物と無生物のあいだ』(講談社現代新書)の中で、ウイルスを「生物と無生物のあいだをたゆたう何者かである」としたように、必ずしもウイルスが生物ではないと言いきれないという側面もあるわけで、本書の内容が割り込んでいけるとすれば、まさにその側面に、ということになる。

いずれにせよ、科学に関する本の内容を一〇〇パーセント信じる人もいるだろうが、本書に関しては、そうしたスタンスを排除していただいた方がよいだろう。こうした仮説は、今後さまざまな研究者によって検証され、論文が書かれ、そうした中で初めて棄却されるかされないかが決まる。だから数年後、十数年後はどうなっているかわからない。

筆者は現在、二〇〇一年に提唱した「細胞核の起源に関するウイルス形成説」を、最近の知見をもとに再構築する研究に取り組んでいる。二〇〇一年というのはミミウイルスが発見される前であり、さらに二〇〇三年以降のさまざまな巨大DNAウイルスの発見は、この仮説に対しても大きな影響を与えてきたからであり、またこの仮説とは相容れない考え方も出てきているからだ。

だからこの仮説も、数年後、十数年後はどうなっているかはわからない。完全に棄却されているかもしれないし、そうでないかもしれない。現在進行形の学問を、活字を通して体験していただくことこそ、本書を上梓した最大の目的である、とさえいえる。

願わくは、この体験を通して、魅力あふれる巨大ＤＮＡウイルスと、それが関わる、謎いまだ多き生物の世界に、少しでも興味をもっていただければ幸いである。


本書ではさまざまなウイルスの名前が登場する。キーとなる巨大ＤＮＡウイルスにのみ、英語の名称（もしくは学名）を付けたが、混乱を避けるため、本来は斜体とすべき部分もすべて立体とした。また科学者名には、故人にのみ生没年を付けた。本書における主要な科学者ラウルトは、前著では「ラウール」と表記していたが、実際の発音（最後のｔを小さく発音する）に近い「ラウルト」に統一した。

本書を書きあげるにあたり、京都大学化学研究所・緒方博之教授（生命情報科学・微生物学）には、さまざまなサジェスチョンやコメントをいただいた。本文でも紹介したが、緒方教授はフランスのジャン＝ミシェル・クラヴリ教授のもとで長く研究員を務めた、環境ウイルス研究の第一人者でもある。じつは、緒方教授とは二年ほど前に知己を得たのだったが、ひょんなことから、緒方教授が筆者の大学時代のある同級生と大学院で同期だったことを知り、なんと世間は狭いものかと思った、そんな気安さから今回も原稿のレビューをいただいたのであった。改めて感謝申し上げる。また仏エクス・マルセイユ大学のシャンタール・アベルジェル博士（ウイルス学・微生物学）には、ミミウイルス、パンドラウイルス、ピトウイルスの写真をご提供いただき、白鷗大学の山野井貴浩博士（進化教育学）には、アリグモの写真をご提供いただいた。この場を借りて、深く感謝申し上げる。

いつものことながら、妻と三人の子どもたちには、家族と過ごすべき時間を割いて執筆に充てるという犠牲を強いてしまった。とりわけ、この原稿のクライマックスが夏休み最後の二週間に集中したことにより、トレード・オフをそのまま地でゆく展開となってしまったことに、申し訳ない気持ちでいっぱいである。それを許容してくれた家族に、改めて最大限の感謝をしたい。さらに、妻には原稿をじっくりと読んでもらい、忌憚のない意見をもらうことができた。ここで改めて、礼を言いたいと思う。

最後に、本書執筆の機会を与えていただき、また原稿を出版に耐えうるまでに校正、推敲をしていただいた講談社ブルーバックス出版部の中谷淳史氏、そして何より、本書を手にとり、ここまで読み進めていただいた読者諸賢に心から感謝する。

二〇一五年一月

東京・水道橋のとあるカフェにて　　武村政春

参考文献

本書を執筆するにあたり、参考にした図書ならびに論文を示しておく。何度も述べているように、本書の内容は〝仮説度〟が高い。読者諸賢には、ぜひ他書や論文等にも接していただき、皆さんの中で、いろいろと考えを巡らせていただければ幸甚の至りである。

（1）一般向けの図書（科学読み物、新書など）

生田哲著　『ウイルスと感染のしくみ』　サイエンス・アイ新書、二〇一三

武村政春著　『生命のセントラルドグマ』　講談社ブルーバックス、二〇〇七

武村政春著　『新しいウイルス入門』　講談社ブルーバックス、二〇一三

根路銘国昭著　『驚異のウイルス』　羊土社、二〇〇〇

畑中正一著　『殺人ウイルスの謎に迫る！』　サイエンス・アイ新書、二〇〇八

林純一著　『ミトコンドリア・ミステリー』　講談社ブルーバックス、二〇〇二

ヒューズ著　『細胞学の歴史』　西村顕治訳、八坂書房、一九九九

福岡伸一著　『生物と無生物のあいだ』　講談社現代新書、二〇〇七

ブルックス著　『まだ科学で解けない13の謎』　楡井浩一訳、草思社、二〇一〇

宮田隆著　『分子からみた生物進化』　講談社ブルーバックス、二〇一四

山内一也著　『ウイルスと地球生命』　岩波書店、二〇一二

（2）学術図書（参考書、専門書、辞典）、洋書

石川統ほか著『シリーズ進化学③　化学進化・細胞進化』岩波書店、二〇〇四

石川統ほか編『生物学辞典』東京化学同人、二〇一〇

ケイン他著『ケイン生物学』石川統監訳、東京化学同人、二〇〇四

シンガー著『生物学の歴史』西村顕治訳、時空出版、一九九九

高田賢蔵編『医科ウイルス学・改訂第3版』南江堂、二〇〇九

遠山益著『生命科学史』裳華房、二〇〇六

中村運著『新・細胞の起原と進化』培風館、二〇〇六

ブラック著『微生物学・第2版』林英生ほか監訳、丸善、二〇〇七

宮田隆編『分子進化』共立出版、一九九八

Harris H. (1999) The Birth of the Cell, Yale University Press, New Haven and London.

（3）学術論文（とくに重要な論文には【内容】を表記した）

Arslan D et al. (2011) Distant Mimivirus relative with a larger genome highlights the fundamental features of Megaviridae. *Proc. Natl. Acad. Sci. USA* 108, 17486-17491.【メガウイルスの発見】

Bell PJL. (2001) Viral eukaryogenesis: was the ancestor of the nucleus a complex DNA virus? *J. Mol. Evol.* 53, 251-256.【細

胞核の起源に関するウイルス形成仮説】

Bell PJL.（2009）The viral eukaryogenesis hypothesis. *Ann. N. Y. Acad. Sci.* 1178, 91-105.

Boyer M et al.（2009）Giant Marseillevirus highlights the role of amoebae as a melting pot in emergence of chimeric microorganisms. *Proc. Natl. Acad. Sci. USA* 106, 21848-21853.

Cavalier-Smith T.（1987）The origin of eukaryote and archaebacterial cells. *Ann. N. Y. Acad. Sci.* 503, 17-54.

Cavalier-Smith T.（1988）Origin of the cell nucleus. *BioEssays* 9, 72-78.

Cavalier-Smith T.（2010）Origin of the cell nucleus, mitosis and sex: roles of intracellular coevolution. *Biol. Direct* 5, 7.【細胞核の起源に関する陥入仮説】

Claverie J-M and Ogata H.（2009）Ten good reasons not to exclude giruses from the evolutionary picture. *Nature Rev. Microbiol.* 7, 615.【ラウルトらに対する反論への再反論】

Dahlberg JE, Lund E and Goodwin EB.（2003）Nuclear translation: what is the evidence? *RNA* 9, 1-8.

Filée J et al.（2002）Evolution of DNA polymerase families: evidences for multiple gene exchange between cellular and viral proteins. *J. Mol. Evol.* 54, 763-773.

Fischer MG and Suttle CA.（2011）A virophage at the origin of large DNA transposons. *Science* 332, 231-234.

Forterre P.（2011）Manipulation of cellular syntheses and the nature of viruses: the virocell concept. *C. R. Chimie* 14, 392-399.【ヴァイロセル概念】

Fuerst JA and Webb RI.（1991）Membrane-bounded nucleoid in the eubacterium Gemmata obscuriglobus. *Proc. Natl. Acad. Sci. USA* 88, 8184-8188.

Fuerst JA and Sagulenko E.（2012）Keys to eukaryality: plancomycetes and ancestral evolution of cellular complexity.

Front. Microbiol. 3, 167.

Goff LJ and Coleman AW.（1995）Fate of parasite and host organelle DNA during cellular transformation of red algae by their parasites. *Plant Cell* 7, 1899-1911.

Guy L and Ettema TJG.（2011）The archaeal ‘TACK’ superphylum and the origin of eukaryotes. *Trends in Microbiol.* 19, 580-587.

Iborra FJ, Jackson DA and Cook PR.（2001）Coupled transcription and translation within nuclei of mammalian cells. *Science* 293, 1139-1142.【細胞核内翻訳】

Iborra FJ, Jackson DA and Cook PR.（2004）The case for nuclear translation. *J. Cell Sci.* 117, 5713-5720.

Iyer LM, Aravind L and Koonin EV.（2001）Common origin of four diverse families of large eukaryotic DNA viruses. *J. Virol.* 75, 11720-11734.

Iyer LM et al.（2006）Evolutionary genomics of nucleo-cytoplasmic large DNA viruses. *Virus Res.* 117, 156-184.【NCLDV概念の提唱とその進化】

Kawakami H and Kawakami N.（1978）Behavior of a virus in a symbiotic system, *Paramecium bursaria*—zoochlorella. *J. Protozool.* 25, 217-225.

Klose T et al.（2010）The three-dimensional structure of Mimivirus. *Intervirol.* 53, 268-273.【ミミウイルスのスターゲート構造】

Lake JA, Jain R and Rivera MC.（1999）Mix and match in the tree of life. *Science* 283, 2027-2028.

Lartigue C et al.（2007）Genome transplantation in bacteria: changing one species to another. *Science* 317, 632-638.

La Scola B et al.（2003）A giant virus in amoebae. *Science* 299, 2033.【ミミウイルスの発見】

Legendre M et al.（2012）Genomics of megavirus and the elusive fourth domain of life. *Commun. Integr. Biol.* 5, 102-106.

Legendre M et al.（2014）Thirty-thousand-year-old distant relative of giant icosahedral DNA viruses with a pandoravirus morphology. *Proc. Natl. Acad. Sci. USA* 111, 4274-4279.【ピトウイルスの発見】

Lindsay MR et al.（2001）Cell compartmentalisation in plancomycetes: novel types of structural organisation for the bacterial cell. *Arch. Microbiol.* 175, 413-429.

Lwoff A.（1957）The concept of virus. *J. General Microbiol.* 17, 239-253.

Martin W.（2005）Archaebacteria（Archaea）and the origin of the eukaryotic nucleus. *Curr. Opin. Microbiol.* 8, 630-637.【細胞核の起源に関する総説】

Martin W and Müller M.（1998）The hydrogen hypothesis for the first eukaryote. *Nature* 392, 37-41.

Martin W and Russell MJ.（2003）On the origins of cells: a hypothesis for the evolutionary transitions from abiotic geochemistry to chemoautotrophic prokaryotes, and from prokaryotes to nucleated cells. *Phil. Trans. R. Soc. Lond. B* 358, 59-85.

Martin W and Koonin EV.（2006）Introns and the origin of nucleus-cytosol compartmentalization. *Nature* 440, 41-45.

Michel R et al.（2003）Endoparasite KC5/2 encloses large areas of sol-like cytoplasm within Acanthamoebae. Normal behavior or aberration? *Parasitol. Res.* 91, 265-266.

Monier A, Claverie J-M, and Ogata H.（2008）Taxonomic distribution of large DNA viruses in the sea. *Genome Biol.* 9, R106.

Monier A et al.（2009）Horizontal gene transfer of an entire metabolic pathway between a eukaryotic alga and its DNA virus. *Genome Res.* 19, 1441-1449.

Moreira D and López-García P.（1998）Symbiosis between methanogenic archaea and δ-proteobacteria as the origin of eukaryotes: the syntrophic hypothesis. *J. Mol. Evol.* 47, 517-530.【細胞核の起源に関する水素仮説】

Moreira D and López-García P.（2009）Ten reasons to exclude viruses from the tree of life. *Nature Rev. Microbiol.* 7, 306-311.【ラウルトらに対する反論】

Mutsafi Y et al.（2014）Infection cycles of large DNA viruses: Emerging themes and underlying questions. *Virology* 466-467, 3-14.

Nakabachi A et al.（2014）Aphid gene of bacterial origin encodes a protein transported to an obligate endosymbiont. *Curr. Biol.* 24, R641.

緒方博之、武村政春（2014）巨大ウイルスがもたらしたパンドラの箱――ウイルス研究はパラダイムシフトを引き起こすか？――、生物の科学 遺伝 68, 194-199.

Ogata H and Claverie J-M.（2007）Unique gene in giant viruses: regular substitution pattern and anomalously short size. *Genome Res.* 17, 1353-1361.

Philippe N et al.（2013）Pandoraviruses: amoeba viruses with genomes up to 2.5 Mb reaching that of parasitic eukaryotes. *Science* 341, 281-286.【パンドラウイルスの発見】

Raoult D et al.（2004）The 1.2-megabase genome sequence of Mimivirus. *Science* 306, 1344-1350.【ミミウイルスのゲノム解読】

Raoult D and Forterre P.（2008）Redefining viruses: lessons from Mimivirus. *Nature Rev. Microbiol.* 6, 315-319.【REOsとCEOsの提唱】

Suzan-Monti M et al.（2007）Ultrastructural characterization of the giant volcano-like virus factory of *Acanthamoeba polyphaga Mimivirus*. *PLoS ONE* 2, e328.

Takemura M.（2001）Poxviruses and the origin of the eukaryotic nucleus. *J. Mol. Evol.* 52, 419-425.【細胞核の起源に関するウイルス形成仮説】

Takemura M.（2005）Evolutionary history of the retinoblastoma gene from archaea to eukarya. *Bio Systems* 82, 266-272.

Takemura M.（2011）Function of DNA polymerase *α* in a replication fork and its putative roles in genomic stability and eukaryotic evolution. In: Kušić-Tišma J（ed）*Fundamental Aspects of DNA Replication*, InTech-Open Access Publisher, pp 187-204.

Tolonen N et al.（2001）Vaccinia virus DNA replication occurs in endoplasmic reticulum-enclosed cytoplasmic mini-nuclei. *Mol. Biol. Cell* 12, 2031-2046.【ポックスウイルスの〈ミニ核〉】

Villarreal LP and DeFilippis VR.（2000）A hypothesis for DNA viruses as the origin of eukaryotic replication proteins. *J. Virol.* 74, 7079-7084.

Williams TA et al.（2013）An archaeal origin of eukaryotes supports only two primary domains of life. *Nature* 504, 231-236.【真核生物もアーキアに含まれる？】

山田隆（2007）脂質二重膜をもつ大型ウイルス群の系統的単一性と太古の起源、蛋白質核酸酵素 52, 463-468.

Yamada T.（2011）Giant viruses in the environment: their origins and evolution. *Curr. Opin. Virol.* 1, 58-62.

Yamaguchi M et al.（2012）Prokaryote or eukaryote? A unique microorganism from the deep sea. *J. Electron Microsc.* 61, 423-431.

Zauberman N et al.（2008）Distinct DNA exit and packaging portals in the virus *Acanthamoeba polyphaga Mimivirus*. *PLoS Biol.* 6, 1104-1114.【ミミウイルスのスターゲート構造】

や・ら・わ 行

山中伸弥　151
ユーリ古細菌　89
葉緑体
98, 157, 161, 162, 163
ラウール　→ラウルト
ラウルト
20, 43, 97, 100, 108, 207
リケッチア　98, 160
リセット　150, 151, 153
リボ核酸　16
リボザイム　182
リボソーム
16, 28, 31, 39, 80, 100, 123, 158, 161, 198
リボソームRNA　16
両親媒性　70
リン脂質　70
ルヴォフ　37, 145
レイク　88
ろ過性病原体　23
ロペス＝ガルシア　103, 108
ワクチニアウイルス
140, 142

パンドラウイルス・デュルシス　47, 50
ビオチン　171
ヒストン　87
ピトウイルス
56, 189, 192, 194, 205
ヒポクラテス　24
表面繊維　21, 45
フィコドナウイルス科
68, 191
フィルヒョー　19
フェオキスティス・グロボサウイルス　60
フォルテール
97, 100, 108, 144, 152
フォルミルメチオニン　87
複製
31, 33, 65, 66, 68, 87, 104, 125, 135, 140, 182
ブフネラ　156
プライマーゼ　135
プラスミド　122, 126
ブラッドフォード球菌
15, 18, 93
分化　149
分岐　82
分子系統解析
42, 90, 94, 105, 158
分子系統樹　90, 94
分子時計　80
分類　73, 78
分裂　118, 158
ペプチドグリカン　72, 86
ヘモグロビン　82
ベル　175
偏性細胞内寄生体　160
ホイタッカー　78
ポックスウイルス
33, 36, 44, 64, 140, 142
ポックスウイルス科　68
翻訳
31, 34, 38, 40, 65, 66, 100, 169, 176, 182

ま行

マーギュリス　80, 157
マーティン　178
マイコプラズマ
37, 98, 123, 152
マイコプラズマ・マイコイデス　98, 152
マヴェリックウイルス　42
ママウイルス　41
マルセイユウイルス　44, 59
見た目　75
ミッシングリンク　161
ミトコンドリア
98, 157, 160, 163
ミニ核　141
ミミウイルス
20, 25, 37, 45, 59, 71, 93, 98, 99, 105, 107, 142, 155, 197, 201
ミミウイルス科　68
メガウイルス　45, 59, 197
メガウイルス科　68
メチオニン　87
メッセンジャーRNA　30
目　73
モネラ界　80
モレイラ　103, 108
門　73

67, 84, 86, 89, 94, 158, 175, 178, 181, 186, 188
水平伝播　67, 105, 185, 188
スターゲート構造　22, 45
スタンレー　24
スプートニク　41
スプライシング　176, 178
生体高分子　130, 132
生物
5, 14, 43, 73, 91, 95, 97, 111, 114, 116, 118, 135, 154, 160, 163, 196, 201, 203
生物の基本単位
111, 114, 120, 139, 163, 201
生命の樹　94, 103, 107, 205
先カンブリア時代　114
漸進性　164
セントラルドグマ　31, 197
相同性　50, 59, 189
属　73

た 行

ダールバーグ　170
体細胞　151, 153
代謝　117
大腸菌　153
第４のドメイン
5, 95, 96, 112, 164
タウム古細菌　89
多細胞生物　115, 149
タバコモザイクウイルス　23
単細胞生物　117
炭水化物　117
タンパク質
16, 28, 30, 132, 140
タンパク質配列データベース 50
デオキシリボ核酸　16
転移RNA　31
転写
31, 33, 65, 66, 68, 176, 182
透過性細胞　171
動物　78
動物学　78
トポイソメラーゼ　54
ドメイン
5, 84, 91, 95, 108, 185
トランスポゾン　42
トレード・オフ　123
トレンブレヤ・プリンセプス 36
貪食作用　52

な 行

ナノアーカエウム・エクィタンス　100
二〇面体　21, 60, 191
ヌクレオチド　35, 68
ノンエンベロープウイルス 123

は 行

バクテリア
15, 84, 86, 94, 126, 158, 178, 183, 185
バクテリオファージ
99, 152, 185
パンドラウイルス
3, 47, 48, 52, 57, 61, 189, 194, 198, 201, 204
パンドラウイルス・サリヌス
47, 50, 59

クレン古細菌　89
クロレラウイルス　64
クロロフィル　158
系統　69
ゲノム
35, 64, 70, 88, 98, 126, 152, 189
ゲノムサイズ
36, 50, 59, 191, 196
原核生物　72, 78, 83, 85, 133
原生生物　78
コア遺伝子　68, 188
綱　73
好気性バクテリア　158, 185
光合成　157
光合成バクテリア　160
紅藻類　153
口蹄疫ウイルス　23
コード　99
五界説　78
呼吸　157
古細菌　80, 83, 91
コル古細菌　89
ゴルジ体　149

さ 行

細菌
15, 23, 72, 80, 83
細胞
19, 111, 112, 115, 116, 118, 120, 140, 145, 163, 201
細胞依存性　122, 128, 135
細胞核
30, 52, 66, 98, 140, 143, 145, 147, 148, 150, 153, 163, 169, 180, 186
細胞核の起源　172, 175, 203
細胞質　66, 140
細胞小器官　85, 98, 157
細胞性生物
27, 36, 93, 137, 183, 196, 199
細胞説　19, 111, 163, 200
細胞内共生　156
細胞内膜系
144, 149, 150, 186
細胞壁　85, 86, 133, 183
細胞膜　123, 133
シアネル　98, 161
シアノバクテリア　185
色素胞　85
自己複製　118, 125, 131, 182
自己複製因子　122
脂質二重膜
21, 28, 52, 60, 66, 70, 105, 123, 133, 137, 143, 181
シスト　55
ジャイラス　106
種　73
シュヴァン　19
収斂　105
宿主　88
種小名　75
シュライデン　19
小胞体　141, 148, 174
初期生命進化　168
植物　78
植物学　78
進化
43, 84, 104, 106, 114, 124, 133, 160, 163, 181, 189, 199
真核生物

イリドウイルス科　68
イントロン　175, 178
インフルエンザウイルス　70
ヴァイロセル　144, 152
ヴァイロセル仮説　164
ヴァイロファージ　41
ウイルス
4, 20, 23, 24, 43, 97, 103, 108, 111, 121, 128, 139, 145, 188, 196, 204
ウイルスが先　130, 135
ウイルス工場
61, 140, 142, 143, 174
ウイルス粒子
25, 27, 66, 68, 70, 107, 143, 144
ウイロイド　126
ウーズ　82, 94
エイズウイルス　70
エキソン　175
エボラウイルス　48
塩基　35, 77
塩基配列　31, 77
円石藻ウイルス　65
エンセファリトズーン・カニキュリ　100
エンベロープ　28, 70
エンベロープウイルス
71, 186
緒方博之　106, 109, 207

か 行

科　73
ガードン　150, 152, 153
界　73, 83
核移植　150
核細胞質性巨大DNAウイルス　65
核質　148
核小体　148, 169
核膜　52, 142, 148, 174
核マトリクス　148
学名　75
褐藻ウイルス　65
カナリポックスウイルス　36
カフェテリア・レンベルゲンシスウイルス　42
カプシド
21, 28, 49, 66, 102, 133, 181, 191
カルソネア・ルディアイ
100
川上襄　38
カンブリア紀　114
寄生　125
機能　112
共生　88, 98, 155, 185
共生説　157
巨大DNAウイルス
66, 68, 71, 92, 106, 109, 121, 132, 135, 137, 140, 145, 163, 174, 178, 183, 188, 191, 196, 199, 205
巨大ウイルス　37, 61, 205
菌　78
菌細胞　156
クーニン　178
クック　168
クラヴリ
45, 56, 106, 109, 207
グループIIイントロン　178
グルコース　117

さくいん

英数字

αプロテオバクテリア
158, 160, 172, 178
16SrRNA遺伝子 82
ATP 117
CEOs 103, 109
DNA
16, 25, 30, 35, 37, 65, 77, 86, 126, 147, 158
DNAウイルス 33, 37, 65
DNAポリメラーゼ
33, 53, 87, 135
DNAレプリコン
131, 135, 136, 138, 181
HeLa細胞 117, 141
ICTV 105, 107
KC5/2 194
mRNA 176
mRNA前駆体 176
NCBI 50
NCLDV 65, 205
New Life Form 48
PCNA 53
REOs 102, 109
RNA
16, 25, 30, 37, 65, 70, 126
RNAウイルス 37, 126
RNAポリメラーゼ 33, 87
TACK 89
mRNA 30
rRNA
16, 31, 39, 80, 158, 198
rRNA遺伝子 80, 132, 198
tRNA 31, 38, 60
tRNA遺伝子 197

あ行

アーキア
84, 86, 89, 91, 94, 178, 183, 185
アイエル 68, 133, 181
アイグ古細菌 89
アカントアメーバ
15, 42, 52, 55, 155, 195
アスファウイルス科 68
新しい生命の形 3, 48, 201
アブラムシ 155
アベルジェル 56, 208
アミノアシルtRNA合成酵素
38, 46, 54, 65, 192, 197
アミノ酸 31, 156
アミノ酸配列 31
アラヴィンド 65, 68, 132
アリグモ 75
アリストテレス 72, 200
暗黒期 25, 48, 52
生きている
104, 112, 115, 116, 121, 147, 152, 154, 160, 161, 164, 203
遺伝子
16, 27, 31, 35, 38, 50, 59, 65, 67, 68, 77, 89, 100, 105, 149, 175, 189, 197
遺伝子泥棒 106, 107
遺伝情報 31, 77, 97
イボラ 169

N.D.C.465.8　221p　18cm

ブルーバックス　B-1902

巨大《きょだい》ウイルスと第《だい》4のドメイン
生命進化論のパラダイムシフト

2015年 2 月20日　第1刷発行

著者　武村政春《たけむらまさはる》
発行者　鈴木　哲
発行所　株式会社講談社
〒112-8001　東京都文京区音羽2-12-21
電話　出版部　03-5395-3524
販売部　03-5395-5817
業務部　03-5395-3615
印刷所　(本文印刷) 慶昌堂印刷株式会社
(カバー表紙印刷) 信毎書籍印刷株式会社
製本所　株式会社国宝社

定価はカバーに表示してあります。

ISBN978－4－06－257902－5

発刊のことば

科学をあなたのポケットに

二十世紀最大の特色は、それが科学時代であるということです。科学は日に日に進歩を続け、止まるところを知りません。ひと昔前の夢物語もどんどん現実化しており、今やわれわれの生活のすべてが、科学によってゆり動かされているといっても過言ではないでしょう。

そのような背景を考えれば、学者や学生はもちろん、産業人も、セールスマンも、ジャーナリストも、家庭の主婦も、みんなが科学を知らなければ、時代の流れに逆らうことになるでしょう。

ブルーバックス発刊の意義と必然性はそこにあります。このシリーズは、読む人に科学的に物を考える習慣と、科学的に物を見る目を養っていただくことを最大の目標にしています。そのためには、単に原理や法則の解説に終始するのではなくて、政治や経済など、社会科学や人文科学にも関連させて、広い視野から問題を追究していきます。科学はむずかしいという先入観を改める表現と構成、それも類書にないブルーバックスの特色であると信じます。

一九六三年九月

野間省一